大学数学教学与改革丛书

大学数学实践教学研究

主　编　李德宜
副主编　王媛媛　王文波

科学出版社
北　京

内 容 简 介

本书是一线骨干教师多年数学实践教学的成果，旨在指导学生掌握数学实践的思想和方法，通过大量实例帮助学生实现从“新手”到“老手”的蜕变。

本书共分为四篇：第一篇就数学实践提出几点改革思考；第二篇就全国大学生数学建模竞赛、美国大学生数学建模竞赛、全国大学生数学竞赛等几个参与面较广和影响力较大的数学实践赛事进行介绍，从报名参赛、选择队友、作品撰写到提交作品都予以详细的解读；第三篇重点介绍三款数学软件——MATLAB、Python 和 R 软件，包括它们的功能、语法及基本使用方法，并举例说明在数学实践中如何运用这些软件；第四篇收集展示近年来武汉科技大学本科生数学实践的优秀典型范例，并邀请专家进行点评。

本书可作为大学生数学实验、数学建模及数学竞赛的培训教材或参考用书，也可供广大从事数学建模和数学竞赛辅导的专家学者参考。

图书在版编目（CIP）数据

大学数学实践教学研究/李德宜主编. —北京：科学出版社，2021.8

（大学数学教学与改革丛书）

ISBN 978-7-03-069508-6

Ⅰ. ①大… Ⅱ. ①李… Ⅲ. ①高等数学－教学研究－高等学校 Ⅳ. ①O13

中国版本图书馆 CIP 数据核字（2021）第 155705 号

责任编辑：邵 娜 李亚佩 / 责任校对：高 嵘
责任印制：彭 超 / 封面设计：苏 波

科学出版社 出版
北京东黄城根北街 16 号
邮政编码：100717
http://www.sciencep.com
武汉市首壹印务有限公司印刷
科学出版社发行 各地新华书店经销
*
2021 年 8 月第 一 版 开本：787×1092 1/16
2021 年 8 月第一次印刷 印张：12 1/2
字数：296 000

定价：59.00 元

（如有印装质量问题，我社负责调换）

前　言

大学公共数学课程的开设，不是为了各种考试，而是为了培养学生的基本数学素养，掌握基本数学技能，能用数学描述、解释、认识万千世界。实践是认识世界的基本方式，通过对实践对象的不断把握、归纳、提炼并抽象成一般规律，形成理论。理论往往显得抽象、深奥，难以理解，也难以记忆，而实践则具体、实在，易于把控，还具有能动性。实践教学是大学数学教学中不可或缺的重要成分。

数学实践大致分为：①数学课堂后的习题（特别是应用题）；②利用 MATLAB 等数学软件的数学实验；③以数学建模为代表的学科竞赛；④与各专业紧密相连的专业数学建模课程。与理论课堂相比，数学实践的课时少，内容散，知识杂，体系差。另外，数学实践的案例和练习往往都是一个个应用项目，数据庞大、类型复杂，让人无从入手，而且一般不需要什么高深的数学工具，但又好像自己具备的数学知识远远不够，总之是一种束缚住手脚干活的感觉。因此，对如何有效开展数学实践课的探讨显得非常必要。

本书是“武汉科技大学湖北名师工作室”的全体师生在实践教学的基础上，通过切身体会和真实感受，凝练出的对数学实践的探究成果与心得。本书包括对数学实践课程开设的意义、开设的内容、开设的方法等的探索；对数学常用软件的教学与实践的探索；对数学建模、数学竞赛等的参与形式和过程的探索；以及对经典案例的提炼整理和思考等。这些探索得到的结论不一定最优，甚至还有一些不符合一般规律，但这些都是师生在实践过程中的真实所遇和所思，为进一步研究数学实践教学提供了原始信息和粗略分析。

本书第一篇由李德宜统稿，第一章由余东编写，第二章由郑巧仙、李德宜编写，第三章由万响亮、杨琼编写。第二篇由王媛媛统稿，第四章由刘云冰、潘杨编写，第五章由吕权编写，第六章由龚谊承、连保胜、吕权编写，第七章由徐树立、向绍俊编写，第八章由冯育强、邓宗娜编写。第三篇由李德宜统稿，第九章由陈贵词、程天琪编写，第十章由何畅编写，第十一章由谭武全、张婷婷编写。第四篇由王文波统稿，第十二章由王文波、唐诗、刘朕、罗明灵编写，第十三章由张强、李玉萍、彭波、田慧丽编写，第十四章由王媛媛、李晓芳、陆梅、张梦伟编写，第十五章由张利平、王梦雨、吴红君、吴倩编写。

在本书的编写过程中，编者参考了专家、学者编写的相关参考文献资料，查阅了权威网站、书刊和报纸的有关内容，听取和吸收了相关学科专家的宝贵建议，在此一并表示诚挚的感谢。尽管编者力求完美，但因水平有限，书中难免有疏漏或不妥之处，敬请广大读者朋友提出宝贵意见，以便我们在今后的工作中不断完善与提高。

编　者

2020 年 9 月

目　　录

第三篇　数学实验的常用软件

第四篇　数学实验的优秀范例

第一篇　数学实践的改革思考

数学应用于多个学科及专业，随着科学技术的进步，应用数学解决现实问题已成为非常普遍的现象。这种应用需要大学生具备运用数学知识解决实际问题的能力，需要大学不断进行数学实践改革。本篇就数学实践提出几点改革思考。

第一章　数学实验教学的理论与实践

2004年3月，国务院发布了《2003—2007年教育振兴行动计划》，提出要实施“高等学校教学质量和教学改革工程”，以提高高等教育人才培养质量为目的，进一步深化高等学校的培养模式、课程体系、教学内容和教学方法改革。作为为国家培养数以千万计的专门人才和一大批拔尖创新人才的高等教育，应将以不断提高教育教学水平，提高学生素质，培养学生的就业能力、创业能力和创新能力为目标，落实在具体的学科教学之中。开展数学实验教学改革就是为了进一步提高学生的素质，特别是提高学生的创新能力。

第一节　什么是数学实验教学

数学实验教学是指为获取某种数学理论、检验某个数学假设、解决某些数学问题，实验者运用一定的物质手段，在数学思想指引下，在特定的环境下进行的探索、研究活动。

其实，过去数学教学中的测量、手工操作、模型制作、实物或教具演示等就是数学实验的形式，只不过为了帮助学生理解和掌握数学概念、定理，以演示实验、验证结论为主要目的，很少用来进行探究、发现、解决问题。而现代数学实验主要是以计算机数学软件为平台，结合数学模型，模拟实验环境进行数学教学。整个实验过程中强调学生的实践与活动，学生可以采用不同的实验程序，设计不同的实验步骤。现代数学实验更能充分发挥学生的主体作用，更有利于培养学生的创新精神和发现问题的能力，因而是一种新型的数学实验教学模式。本章重点介绍的就是利用计算机技术进行现代数学实验的教学模式。

第二节　如何开展数学实验教学

一、开展数学实验教学的原则

1. 坚持“以学生为主，教师引导”的原则

开展数学实验教学，其目的是培养学生应用数学知识分析和解决实际问题的能力，以及应用计算机进行科学计算的能力，以适应新时期对高素质人才的需要。从工科数学的角度来看，学生创新精神和能力的培养主要是通过应用数学来实现。工科学生学习数学不是为了研究数学，而是为了研究数学的作用。

数学实验的教学模式与传统数学课程的教学模式有所不同。我们认为数学实验的教学模式应以学生独立操作为主，教师辅导为辅。发挥计算机协同支持、学生主动学习、教师

指导监督等各方面的优势；充分利用学生交流、研讨、相互促进的“群体效应”来提升教学效果。在教学过程中，教师经常提出一些思考题目，甚至一些猜想，鼓励学生独立思考、勇于创新。学生可以自己选择实验题目，建立数学模型，在数学软件上编程、计算、分析等。学生也可以大胆地质疑某个数学结论或某个自然现象，通过自己或群体的讨论、分析，去论证结论的合理性。我们认为教学计划应具有反馈的调节机制，根据学生的及时反馈、中期反馈和长期反馈不断调整教学计划（包括相应的教学内容和材料），才能达到最佳的教学效果。教师的教学计划不能只是简单的直线实施，而应当是环状实施。这样才能反映数学实验教学以学生为中心的教学观念。

2. 注重学生的“发现和探索”的原则

在设计数学实验教学内容时，应该设计一些能够引起学生兴趣的内容，每个实验应围绕一个或几个问题展开，使用若干个方法去解决某个问题，比如运动追逐问题可以建立微分方程模型或应用计算机模拟的方法建模；方程求解有图形放大法、二分法、数值迭代法等。教学过程中采用提问的方式，促进学生勤思考，深入钻研，大胆实践。在数学实验教学中，希望学生能对某些自然现象、数学问题进行认真的观察和研究，探索某些值得思考的问题，甚至是某些疑惑，通过自己的分析思考最终得以解决，从而更加深入地理解和掌握数学的概念和方法。

二、数学实验教学的基本环节

数学实验教学的基本思路是：从问题情境（实际问题或数学问题）出发，学生在教师的指导下，设计研究步骤，应用计算机进行探索性实验，发现规律，提出猜想，进行证明或验证。根据这一思想，数学实验教学一般主要包括以下四个环节。

（1）创设情境。创设情境是数学实验教学的前提和条件，其目的是为学生创设思维场景，激发学生兴趣。数学实验教学中，创设合适的问题情境，应注意以下几个方面。①合理运用文字与动画组合。问题情境呈现清晰、准确是最基本的要求。②具有可操作性。便于学生观察、思考，从问题情境中发现规律，提出猜想，进行探索、研究。③有一定的探索性。问题的难度要适中，能产生悬念，有利于激发学生思考。④简明扼要。创设情境不宜过多，不要过于展开，用时也不要太长，以免冲淡主题，甚至画蛇添足。

（2）活动与实验。这是数学实验教学的主体部分和核心环节。教师可根据具体情况设定活动形式，最好是以2～4人为一组的小组形式进行，也可以是个人探索，或全班进行。这里教师的主导作用仍然是必要的，教师给学生提出实验要求，学生按照教师的要求，在计算机上完成相应的实验，搜集、整理研究问题的相关数据，进行分析、研究，对实验的结果做出清楚的描述。这一环节对创设情境和提出猜想两大环节起到承上启下的作用。学生通过“做数学”来学习数学，在教师的指导下，通过观察、实验去获得感性认识，有利于学生以一个研究者的姿态，在“实验空间”中观察现象、发现问题、解决问题，进而培养学生想象力、解决实际问题的能力及严谨的科学态度和数学情感。

（3）讨论与交流。这是开展数学实验教学必不可少的环节，也是培养合作精神、进行数学交流的重要环节。让学生积极主动地参与数学实验活动，对知识的掌握，思维能力的发展，学业成绩的提高，以及学习兴趣、态度、意志品质的提升都具有积极的意义。在学生积极参与小组或全班的数学交流和讨论的过程中，通过发言、提问和总结等多种机会培养学生数学思维的条理性，鼓励学生把自己的数学思维活动进行整理，明确表达出来。这是培养学生逻辑思维能力和语言表达能力的一个重要途径。

（4）提出猜想，验证结论。提出猜想是科学发现的一个重要步骤，目前开展研究性学习，培养学生的创新意识，开发学生的创新潜能，需要猜想，但数学不能仅靠猜想，教师有必要引导学生证明猜想或举反例否定猜想，让学生明白，数学中只有经过理论而得出的结论才是可信的。

三、数学实验教学的内容与方法

目前各高校开展的数学实验教学主要内容分为三部分。

一是基础实验。以 Mathematica、MATLAB 等软件为依托，学习微积分、线性代数等内容。

二是专题实验。以高等数学为中心向边缘学科发散，学习微分方程、数值方法、数理统计、图论与组合、运筹与优化、分形、混沌等。

三是综合实验。以社会实践为背景，设计综合实际问题，使学生体验物理问题—数学模型—解决问题—论文报告的全过程。

数学实验教学一般采用模块实验法与案例实验法相结合的方法进行教学。例如，在基础实验中设计的几何图形模块实验，涵盖了数学专业领域的常见图形，使学生纵向了解各种图形的几何意义；在专题实验中设计的数值计算方法模块，可以囊括高等数学范围内所遇到的数学问题的数值解方法及其误差分析，并结合具体案例加以应用，使学生掌握各种问题的数值解法，并灵活运用该方法来解决问题；在综合实验中，其内容涉及数学领域中的计算数学、应用数学、数学前沿领域问题及与社会生活密切相关的实验问题，使学生在浓厚的兴趣支配下自己动手实验，最终使实际问题得以圆满解决。

四、开展数学实验教学的条件与工具

首先，先进的教学网络与高配置的计算机系统是数学实验课程开设必不可少的硬件工具，同时需有配套的软件给予支持，如数学专业软件 MATLAB、Mathematica、Maple、SAS、LINDO、LINGO 及多媒体技术处理系统等。

其次，需要有高水平的任教教师。教师在授课前要寻找具有纵向关系的问题模块及经典的数学问题，随后设计具有启发性的实验内容，形成相对独立的单元以供学生实验；授课时教师要对经典问题及数学思想进行介绍，激发学生的学习兴趣；在学生实验过程中，要引导学生查找相关资料，组织小组讨论，协助学生编制相应程序；在实验完成后要对学生的科研论文或实验报告给予精辟的讲解，对学生所做实验给予一个正确的评价。

数学实验本身的实践性决定了它与实际问题的紧密联系，一些应用数学的经典案例也多来源于社会生活之中，因此还需要安排学生少量的外出考察活动，使他们了解问题的背景、事实依据、预期结果等，最终得出切合实际的实验结果。

第三节　开展数学实验教学取得的主要成效和存在的主要问题

一、主要成效

通过开展数学实验教学，可以取得以下几个方面的成效。

(1) 提高学生的学习兴趣。数学实验教学从问题出发，不追求内容的系统性和完整性，而讲究处理问题的过程并总结规律，学生会随着数学实验教学进入数学的美妙世界，感到新奇与兴奋，会投入最大的精力参加数学知识的学习。在基础实验中感叹数学的奇妙，在专题实验中加深对数学的深刻理解，在综合实验中增加一份社会责任，以及对自身能力平添一份信心。

(2) 挖掘学生的学习动力。数学实验教学是解决问题的学习方法，激发学生的求知欲望。学生不仅会重拾以前学过的知识，而且会学习其他学科的专业知识，然后去做实验，从而促进数学与其他专业课程之间的交叉互融，开阔眼界，达到爱学习、主动学习的目的。

(3) 培养学生的科研意识与创造能力。学生在数学实验课程中的学习由过去的被动接受转为主动参与，由以前做书本中的习题转为做自己设计的问题，有利于学生发挥学习的积极性及锻炼学生独立思考问题和解决问题的能力，使学生在创新意识的培养过程中提高数学的创造能力。此外，数学实验的结果以科研报告的形式得出，使学生接触“科研”的概念，对学生科研意识的培养起到启迪作用。

二、存在的主要问题

从目前看，广泛开展数学实验教学还存在以下几个亟待解决的问题。

(1) 处理好学习内容多而学时少的矛盾。相对于传统数学教学，数学实验教学用时较多，事实上，开展数学实验，不仅在于数学知识本身的探求，还在于数学知识的应用。数学实验是数学体系、内容和方法改革的一项尝试，有利于培养学生的主动性、创造性和协作精神，有利于提高学生的整体素质。在大学开展数学实验教学符合素质教育的要求，具有长效性。因而，应进一步减少传统数学课程的学时，增加数学实验课程的学时。

(2) 处理好数学实验教学要求较高与教师不能很好适应教学要求的矛盾。在大学常规的教学中，开展数学实验的教师面临来自专业素质方面的挑战：一方面，开展数学实验教学要利用较多计算机知识，有时甚至要用到简单的程序设计知识；另一方面，开展数学实验，需要教师具有更强的数学知识和科研能力，这就对教师的专业素质提出了更高的要求。因而，培训数学实验课程的教师，是推广数学实验教学的关键。

（3）处理好开展数学实验教学对软硬件的较高要求与现有实验条件之间的矛盾。数学实验需要具备基本的硬件设施和软件条件。需要建立服务器重点支持数学实验课程的系列软件平台，使该平台的设计能进一步提高学生对实验过程的参与度，同时使学生具备更强的自主学习和研究能力，还应该建立校园网络支持下的数学实验教学的软件平台，使更多的学生参与学习和主动学习，交互功能更强大。

第二章　数学实验思想与高等数学教学的融入

高等数学是大学理工类各专业的公共基础课程，也是最为关键的课程之一。高等数学是由微积分学、代数学、几何学等一些难度较大的学科知识组成的，具有高度的抽象性、逻辑性，学生不易掌握高等数学课程中的知识，在学习的过程中容易感到枯燥。另外，在传统的高等数学教学工作中，大部分教师秉持的教学理念较为传统，课堂教学方式较为单一，教学内容与实践脱节，导致学生应用高等数学的知识解决实际问题的能力较差。

近几年，国家教育体制改革工作不断发展，对高等院校的教育教学工作提出了全新的要求。新时代的教学体制下，为有效提高教学效率，优化教学效果，增加教学特色，为学生的全面发展奠定良好的基础，高等数学的教学内容与教学方式的改革势在必行。

对于高等数学教学的改革，其重点是将数学实验的思想和方法融入高等数学教学中，将高等数学的定义、公式、函数等问题利用数学建模的方式加以简化，可以更直观地向学生呈现出相应的高等数学知识，促进学生对知识的学习和理解，并激发学生的学习兴趣，有效地提升教师的教学效果。只有强化数学实验的教学思想，高等数学教学才能够让学生自主学习，提高思维水平，强化实践能力。

数学实验思想是指数值计算思想，随机、优化思想，绘图思想，数学应用思想，即用图形、文字、数值和代数等形式理解数学概念、理论知识和数学思想，掌握常用的数学方法，并用这些方法和思想解决实际问题。下面就高等数学中的一些具体问题，将上述思想融入教学中。

第一节　数值计算思想融入高等数学教学

高等数学研究的对象是函数，即问题所涉及的量和量之间的对应关系。函数有两种重要的表现形式：一种为解析表达式，是对实际问题中的对应关系的抽象简化；另一种为数值形式，是在实践中直接得到的离散数据，这两种形式既有内在联系，又有区别。高等数学中的函数关系一般是以解析形式出现的，它利于逻辑推导，便于理论研究，而数值形式在解决实际问题时更为常见，教师在授课时应指出这一点，让学生了解数值的思想。

微分学和积分学是高等数学研究的主要内容，而微分和积分则是其中两个最重要的概念，它们都是利用极限定义的。计算微积分是高等数学课程中的基本运算，实践中很多领域也需要计算微积分，只是多数计算的对象不是解析函数，而是以数值形式出现的离散数据。对这些数值形式的函数计算其相应点的微分或积分，若利用高等数学的知识求解则比较困难，而利用数值计算的知识求解则比较容易，如利用数值微分中的三点公式计算离散点的导数值。

从微分到数值微分，从积分到数值积分，从求解微分方程的解析解到求解其数值解，转变思想是简单的，但其意义是重大的。教师在授课过程中，如果能够将理论上的微积分知识延伸到实践中常用的数值计算上，学生将有更多的手段解决实际问题，从而增强应用数学的能力。

当前，大学生仍然花费大量的时间和精力去计算微积分，从长远的角度看这是不可取的。理工科学生学习高等数学，主要用于解决其专业上的问题，特别是专业上的一些计算方面的问题，然而高等数学只是所用数学知识的理论基础，它并不能直接应用于实践，多数需要先进行数值化处理，利用数值方法借助计算机解决实际问题。所以教师在授课过程中，应强调高等数学的基础地位，着重于锻炼学生的逻辑推导能力，而不需要过分纠缠于冗长乏味的计算，只需掌握常用的计算方法即可。

第二节　随机、优化思想融入高等数学教学

高等数学中的函数关系是确定性的，称为确定性关系。生活中除了这种确定性关系外，还有一种更为常见的关系，称为相关性关系，即问题所涉及的量和量之间存在着内在的关系，但这种关系并不能明确地用一个确定性的函数加以描述。相关性关系属于随机数学的范畴，教师在讲授函数的时候，可以借助一个简单的示例将其扩展到随机数学的领域，使学生了解一些随机性问题，从而为后续“概率论与数理统计”课程做好铺垫。

极值问题（最值问题）是高等数学中的一类重要问题。高等数学首先介绍了无条件极值问题，然后增加了等式约束，提出了条件极值问题。事实上，极值问题属于优化问题，而优化问题是生活中非常常见且极为重要的一类问题。优化问题包括无约束优化问题和约束优化问题，而约束优化问题中的约束条件除了等式约束外，还有不等式约束。从无条件极值问题扩展到无约束优化问题，从条件极值问题扩展到有约束优化问题，再到数学规划问题，其实验思想没有太多的改变，但其求解算法却发生了根本性的转变。教师在授课过程中，将这些知识做个简单的拓宽，使学生认识到数学知识可用于解决大量的实际问题，从而激发学生学习数学的兴趣。

第三节　绘图思想融入高等数学教学

极限是研究高等数学的基本工具，较难理解。以往的教学中，教师将极限中无限趋近的过程离散化，通过有限的几步变化让学生直观地理解极限的概念。显然此趋近过程如果借助图形或者动画技术由学生自己完成，对此概念的理解无疑更有帮助。图形可以帮助学生更好地理解极限，此外还可以帮助学生探讨函数极限的收敛性。

函数图形对于研究函数的性质如单调性、凹凸性、变化趋势、极值等，以至于求解积分都有重要意义，利用手工方法绘制一些复杂函数的图形非常困难，而数学软件则能很好地解决这一难题。

泰勒中值定理是微分学中的一个重要定理，它是函数逼近的主要理论基础，也是函数

展开成幂级数的重要依据。泰勒中值定理的核心思想是将一个函数近似地表示成多项式，如果其拉格朗日余项随着多项式次数的增加而趋向于 0，则可以增加多项式的次数以减少近似误差，甚至将次数无限增加得到函数的幂级数展开式，上述过程也可以借助图形直观地加以理解。

借助数学软件绘图，可以帮助学生理解数学知识、计算及解决实际问题，国外尤其注重这种教学方式，而国内则对此重视不足，以致多数学生不能有效地运用数学知识，借助计算机解决实际问题，这一点应引起国内数学教育工作者的重视。

第四节　数学应用思想融入高等数学教学

理工类学生学习数学的目的在于应用数学。高等数学虽然只是所用数学知识的理论基础，但其中很多数学思想还是可以直接应用于实际问题。如导数除了用于解决物理上的一些运动方面的问题外，还可用于解决经济上的边际问题；积分在地质领域可以估算某个矿场矿物的储量，在交通上可以估算每天通过某一地点的车流量等；微分方程在很多科学定律中都有应用，如牛顿第二定律、牛顿冷却定律、放射性衰变规律、稀释规律等，而极值思想则可以处理生产、经济及管理中的一些优化问题等。

需要指出的是，解决这些实际问题的本质思想是数学思想，通过解决这些问题，学生不但可以学会如何应用数学解决实际问题，反过来还能加深对这些数学概念及数学思想的理解。

美国国家科学院院士 James Glimm 在 *Mathematical Science, Technology, and Economic Competitiveness* 中指出“数学是一种关键的、普遍的、能够实行的技术”。随着计算机技术日新月异的发展，数学这种能够实行的技术在各个领域中的作用也越来越明显。数学从实践中产生，在实践中发展，最终应用于实践。虽然有一段时间数学与实践有些脱节，但国内许多数学教育工作者已经意识到这一点，开始将高等数学的理论教学与应用实践相结合，做了不少的尝试，如开设数学建模、数学实验课程，开展各种类型的数学建模竞赛等，以提高学生应用数学解决实际问题的能力。但需要指出的是，只通过开设几门课程、开展几个课外科技活动是难以将数学知识和实践真正结合的，只有将数学实验思想融入数学公共基础课程的课堂教学中，使学生在学习过程中慢慢了解、熟悉、习惯这种意识，掌握一些常用的计算机技术和数学方法并将其应用于一些简单的实际问题，才能真正将数学和实践相结合。

第三章　关于培养本科生科研素质的体会与思考

第一节　引　　言

科研一般是指利用科研手段和装备，为认识客观事物的内在本质和运动规律而进行的调查研究、实验等一系列的活动，为创造发明新产品和新技术提供理论依据。大学生科研活动主要是指大学生课外参加与专业紧密联系的学术交流、社会实践、课题研究、论文撰写等活动，它对培养大学生的优秀品格、提高大学生的综合素质有重要作用。通过这些活动可以培养他们的创造性科学思维，有助于形成良好的知识结构和自学能力，提高应用外语和信息技术的能力等。培养本科生科研素质无论在哪个时期，哪所高校，都是高等教育过程中的重要环节。高等教育的大众化使更多的学生走进了大学校门，但大学生量的增加不应产生质的下降。国家建设创新型社会需要人才的支持，培养大学生科研素质的目的不仅仅局限在培养科研人才，而是通过科研能力的训练锻炼学生收集资料、数据分析、独立思考、团队协作等能力，从而促使学生形成系统的理性思维，在今后的工作岗位上都能有较强的竞争力。

科研素质包括科研意识、科研兴趣、科研能力、科研习惯、科研实践、科研技艺等很多内容，但最重要的要素应当是科研意识、科研方法和科研精神三个方面。科研意识是指积极从事科研工作的动力，潜心捕捉和研究问题的探求欲，即“想不想做研究”，这是科研素质的基础；科研方法是指掌握如何设计实验方案，开展实验研究、测量统计、撰写学术论文等方面的具体方法，即“能不能做研究”，这是科研素质的核心；科研精神则是指勇于探索、甘于寂寞、敢于创新、不怕失败等优秀品质，即“适不适合做研究”，这是科研素质的内涵。

本章将结合作者自身及周围同事几年来在教学工作之余培养本科生参与科研项目的经历，谈谈培养本科生科研素质的体会与思考。

第二节　科研意识的培养

科研意识是指积极从事科研工作的动力，是科学研究者探究、认识未知事物的主动性。因为意识带有一种主动性，所以作者认为科研意识的培养最重要的就是兴趣。

兴趣是学生自觉开展一切活动的无穷动力，大学生对待科研的兴趣十分重要。日本的教育心理学家田崎仁认为：“兴趣不是原因，而是结果。”也就是说，兴趣作为一种认识倾向，是建立在一定的认知上的，无知便无趣。所以，作为老师，要始终倡导把科研理念的灌输和科研意识的强化贯穿在整个教学过程中，应当让学生对科研有认知，告诉他们科研是做什么的，在这一过程中需要完成什么，有怎样的乐趣，目的是什么，可以解决什么样的问题等。教师在课堂教学中可以结合专业课程讲解自己的研究课题，讲述学术研究的乐趣，也可以向学生发问，调动其积极性和思考能力。目前的课堂教学注重基础知识的传播，忽略了学术的传播，教师作为教育第一线的人员，应当为学生提供科研思路，激发学生的积极性和兴趣，也可以将一些科研学术中有争议的问题抛给学生，鼓励学生讨论、思考，调动学生的积极性。作为学校，要鼓励学生参与专题学术讲座、学术交流，以激发学生的科研兴趣。高校通过邀请国内外知名专家学者来校进行专题讲座或学术交流，可以让学生领略学者的风采和科研的魅力，了解最新的科研动态，从而激发学生的好奇心，提升他们对科研的兴趣，强化学生的科研意识。

第三节　科研方法的培养

科研方法是在具备了一定的科研意识的基础上经过培养和实践锻炼而形成的。一般来说，强烈的科研意识可以促进形成科学的科研方法，而掌握正确的科研方法又会提高对科研的兴趣，强化科研意识。

本科生参与科研的途径有多种，主要包括课堂教学、课题研究、毕业论文（设计）、实习及社会实践、实验实训、学术报告等。这些科研实践可以激发学生的创新动力和能力，同时可以在教师的引导下掌握正确的科研方法，下面将阐述几种重要的方法。

第一，文献的检索与阅读方法。文献的检索与阅读是进行科研工作的基本技能。本科阶段有文献检索理论课程，学生可对文献检索有一个基础的认识和了解。同时，我们每年会邀请或安排文献检索能力强的硕士学生帮忙安排至少一次文献检索与阅读的专题授课，详细介绍目前文献检索的资源和常见的几种方法。以武汉某高校为例，重点介绍其电子图书馆现有免费开放的文献数据库和检索方法。通过实际操作及 PPT 演示让学生熟悉和掌握文献检索的基本技术和方法。同时，学习结束后安排一个课题，让学生自行上网查询相关文献，阅读文献，并汇总出目前国内外最新研究进展，或者写出一篇有关的文献综述。此方法对培养本科生文献检索与阅读的能力，了解相关学科和领域的最新研究进展，均有很大的帮助。

第二，研究课题的选择方法。在指导学生选题时，要求学生牢牢把握选题的重要性、可能性和现实性原则。重要性体现在是否有科学思想和研究方法上的创新；可能性体现在所提出的科学思想是否与现有的知识相矛盾，是否可能获得有意义的结果；现实性体现在是否有现实可行的具体研究方案。

第三，科学的实验方法。材料科学工程是一个实践性很强的专业，大部分研究课题属于应用基础课题，直接面向生产实践，最终目标是实现金属材料的工业化生产；另外，材料科学工程是一门实验性很强的学科，大部分研究结果必须也只能从实验研究中获得。因此，实验设计是否合理，实验操作是否正确，实验结果的分析测定是否可靠，实验数据的归纳推理是否科学，直接影响最终论文的质量。我们强调“实验设计要有明确的目的，实验操作要透彻了解所使用技术的原理，实验记录要忠实而详细，实验结果要有统计分析并能够被重复”，在这一过程中可循序渐进地培养学生实验研究的能力。学生应当具有的另一个重要能力是如何从实验数据（这些“现象”）中抽象出科学结论的“本质”内容。通过定期的学术讨论，学生在讨论中学习指导教师分析数据和归纳总结的方法，然后独立思考，达到对某些问题“顿悟”的效果，进而提出新思想、新概念和新思路。

第四，论文的写作方法。在论文撰写之前，教师告诉学生怎样的论文才是一篇好论文；在论文撰写的过程中，教师指导学生如何掌握构思要点、基本撰写方法和技巧，如何对结果进行分析和讨论，如何避免常见错误，并提高论文的可读性；在论文完成之后，教师要求学生按“条理是否清楚？语言是否简单、平实、明确、直接？语言是否容易被理解？论文是否正确、准确地使用了语言？”这四个要求来检查论文。

第四节　科研精神的培养

与科研意识和科研方法相比，以勇于探索、甘于寂寞、敢于创新、不怕失败等优秀品质为主要特征的科研精神，更多地表现为一种非智力因素。为什么把科研精神视为科研素质的内涵，主要原因在于科研精神对科研工作具有动力作用、定向和影响作用及维持和调节作用。激发学生的科研精神，不仅能帮助学生克服科研过程中出现的各种困难，而且对他们今后的工作、学习和生活都会产生积极的影响。那么，如何激发学生的科研精神呢？作者认为，应当从以下三方面入手。首先，由于教师所表现出来的情感、性格、动机、意志品质等对学生会有很大的影响，只有教师自身具备了科研精神，才谈得上去激发学生的科研精神。其次，教师要经常与学生进行交流，用自己的思想来影响学生的行为。在举行讨论会时，教师经常会向同学介绍一些研究室所取得的最新成果，展望学科的未来，鼓励他们刻苦学习，以积极、进取、务实的态度对待研究工作。最后，从事科研工作将不可避免地遭遇失败，教师要特别重视培养学生正确对待困难和挫折的态度。每当学生在研究中遇到困难的时候，教师可用自己的经历开导学生，帮助他们分析实验设计和具体操作中的得与失，在反复的失败和成功中磨炼他们坚韧不拔的意志。

第五节　总　　结

高等院校的教学与科研是相互依赖、相互促进、不可分离的一个整体，将二者有机结合才能提高教学质量和科研水平。在高等教育人才培养中对本科生进行科研素质的培养不仅是时代的要求，而且是确保更高层次的人才培养质量的基本保障。本科生通过参加与专业相关的科研活动能够了解本学科的前沿理论，通过发现问题、分析问题和解决问题，获得分析、整理信息的能力和获取知识的方法，进而可以提升自己的创新思维能力。因此，加强对本科生科研素质的培养是确保高等教育人才培养质量的保障。

第二篇　数学实践类重要赛事

为发现和选拔数学实践人才，为广大青年提供展示和比拼的舞台，中国工业与应用数学学会、中国数学会等部门和机构、美国数学及其应用联合会举办了各类数学实践类赛事，本篇就几个参与面较广、影响力较大的赛事进行介绍。

第四章　全国大学生数学建模竞赛

第一节　走进全国大学生数学建模竞赛

一、赛事简介

全国大学生数学建模竞赛创办于1992年，以“创新意识，团队精神，重在参与，公平竞争”为宗旨，比赛每年一届，目前已成为全国高校规模最大的基础性学科竞赛，也是世界上规模最大的数学建模竞赛。其参赛规模和比赛影响力逐年递增。

二、赛事特点

该比赛由中国工业与应用数学学会（China Society for Industrial and Applied Mathematics，CSIAM）主办，是全国乃至世界公认的一项赛事。竞赛时间为每年9月中旬，竞赛分区组织进行，一般以一个省（自治区、直辖市、特别行政区）为一个赛区，各赛区聘请专家组成赛区评阅专家组，评选本赛区的一等奖、二等奖（也可增设三等奖）。各赛区组委会按全国组委会规定的数额将本赛区的优秀答卷送至全国组委会。全国组委会聘请专家组或全国评阅专家组，按统一标准从各赛区送交的优秀答卷中评选出全国一等奖、二等奖。

三、赛事补充说明

全国统一竞赛题目，采取通信竞赛方式，以相对集中的形式进行。大学生以队为单位参赛，每队不超过三人（必须属于同一所学校），专业不限。每队最多可设一名指导教师或教师组，从事赛前辅导和参赛的组织工作，但在竞赛期间不得进行指导或参与讨论，否则按违反纪律处理。竞赛期间参赛队员可以使用各种图书资料（包括互联网上的公开资料）、计算机和软件，但每个参赛队必须独立完成赛题解答。竞赛开始后，赛题将公布在指定的网址供参赛队下载，参赛队在规定时间内完成答卷，并按要求准时交卷。参赛院校应责成有关职能部门负责竞赛的组织和纪律监督工作，保证本校竞赛的规范性和公正性。

第二节　参赛的实施办法及方法途径

一、实施办法

（一）自身技能储备

参赛者需要提前学会几种建模方法，掌握数学建模比赛涉及的基本方法，学习相关数学知识，如概率论与数理统计、运筹学等。现列举几种常用的方法。

（1）蒙特卡罗法。该算法又称随机搜索法，是通过计算机仿真来解决问题的算法，同时可以通过模拟来检验自己模型的正确性，是比赛时通用的方法之一。

（2）数据拟合、参数估计、插值等数据处理算法。比赛中通常会遇到大量的数据需要处理，而处理数据的关键就在于这些算法，通常将 MATLAB 作为处理工具。

（3）线性规划、整数规划、多元规划、二次规划等规划类问题。建模竞赛多数问题属于优化问题，很多时候这些问题可以用数学规划算法来描述，通常使用 LINDO、LINGO 软件实现。

（4）图论算法。这类算法可以分为很多种，包括最短路、网络流、二分图等算法，涉及图论的问题可以用这些方法解决，需要认真准备。动态规划、回溯搜索、分治算法、分支定界等计算机算法是算法设计中比较常用的方法，可以用到竞赛中。

（5）最优化理论的三大非经典算法：模拟退火法、神经网络算法、遗传算法。这些方法是用来解决一些较困难的最优化问题的算法，对于一些问题非常有帮助，但是算法的实现比较困难，需慎重使用。

（6）网格算法和穷举法。这两种方法都是暴力搜索最优点的算法，在很多竞赛题中有应用，当重点讨论模型本身而轻视算法的时候，可以使用这种暴力方案。最好使用一些高级语言作为编程工具。

（7）一些连续离散化方法。很多问题都是从实际来的，数据可以是连续的，而计算机只认识离散的数据，因此将其离散化后，运用差分代替微分、求和代替积分等思想是非常重要的。

（8）数值分析算法。如果在比赛中采用高级语言进行编程的话，那么一些数值分析中常用的算法如方程组求解、矩阵运算、函数积分等就需要额外编写库函数进行调用。

（9）图像处理算法。赛题中有一类问题与图形有关，即使与图形无关，论文中也不能缺乏图片，这些图形如何展示及如何处理就是需要解决的问题。通常使用 MATLAB 进行处理。

数学专业的同学要学好高等代数与解析几何和数学分析，主要理解其中的相关概念，概念的叙述实质上是模型的建立。对于非数学专业的同学要学好高等数学和线性代数，这个是基础。在平时主要训练检索论文的能力和阅读理解论文的能力，可以通过看某些公开课来掌握其中的诀窍，赛前多看往年的赛题，以及别人写的获奖论文，掌握其中的精髓，然后可以借鉴到自己的论文中，如论文的排版、思路、方法等。

（二）队友选择

（1）选择态度积极向上的队友，态度决定参与的积极性，进而影响比赛完成的效率和质量，选择的队友要能积极面对困难，不能中途而废。

（2）队伍中的三个人最好分别精通软件编程、论文撰写及数理逻辑，根据自己的特长，选择其他合适的队友。

（3）数学建模团队强调的是合作能力，因此要积极交流，了解队友的想法，提升队友的参与度，大家心往一处想，劲往一处使，才能获得好结果。

（三）指导老师

在参赛前了解学校的指导教师团队，选择相关经验丰富且具有多年带队参赛经验的教师进行辅导，可以达到事半功倍的效果。在选题的时候可以征求指导教师的意见，根据教师的意见及团队的意向选择合适的题目，建立切合题意的模型进行求解，然后撰写相关论文，可以让指导教师对论文的摘要进行修改。

二、方法途径

（一）赛前准备

在参加全国大学生数学建模竞赛前，学校一般会组织数学建模集中培训，学生应抓住机会，积极参与，学习相应的软件如 MATLAB、ANSYS 等。组建团队后大家可以分工学习，各个击破。

数学方面：通过对以往竞赛问题及论文的回顾，对竞赛中比较常用的技能方法进行学习。如果打算选择连续性问题，那么必须熟悉微分方程方法，特别是波动方程和热传导方程。正如分析技能一样，近似计算往往也是需要掌握的。在寻求最优解时，模拟退火法、遗传算法等随机搜索算法经常会被用到。

计算机方面：需要掌握一些软件进行模型的建立和求解及绘制图形。竞赛中最常用的软件是 LINGO 和 MATLAB，这两个软件类似，都是解决数值计算的不错选择，而且它们都提供一些附加功能，可以处理一些特殊问题。如果需要处理的是非数值问题，则可以使用 Maxima 或者 Mathematica。当然，团队成员能够熟练使用编程语言计算也是十分必要的。通过 UMAP 杂志查阅以往的优胜论文，并重复文中的计算结果，可熟练掌握应用软件。

写作方面：团队中负责写作的同学必须在竞赛前进行训练，并且请专家提出修改意见，因为在竞赛过程中，你无法请人指出论文中出现的问题。可以通过训练掌握如何在论文中表达数学描述，如何给出含义清晰的解释，而不仅仅是公式符号的堆砌。

（二）网上报名

全国大学生数学建模竞赛一般由学校组织报名，且一般情况下会有名额限制，并不是随意参加，因此在参加比赛之前学校会组织筛选，赛前准备和参加培训就显得尤为重要。

第三节　参赛作品撰写指南

一、摘要

摘要：探讨题目的背景及题目所折射的问题，加以详细分析。

摘要是论文中最重要的一部分，是整篇文章精髓的浓缩。竞赛要求每篇论文的首页为摘要页，如果摘要写得不好，即使有好的模型和解答，论文也将难以通过鉴别阶段的初审而进入下一阶段。根据竞赛规则，摘要应该包含如下几项。

（1）赛题重述与阐明：用自己的语言描述将要解决的问题。

（2）解释假设条件及其合理性：强调建模所用的假设，而且清楚地列出建模所需的所有变量。

（3）模型设计及合理性论证：指出所用模型的类型或构造新的模型。

（4）描述模型的测试情况及灵敏度分析：包括误差分析等检测项目。

（5）优缺点讨论：包括模型及解题方法的优点与不足。

摘要不宜写得太长，长度稍超过半页即可。论文摘要是全文的总结，简单地通过剪贴论文中的句子拼凑出摘要的做法是不可取的。摘要应该重新构思、反复推敲并修改直到满意为止。

二、问题重述

问题重述：详细分析问题的本质，分层次加以阐述。

把题目和问题简练地编写出来，不管用什么语言表达，最好是用自己的话来说，特别注意千万别直接抄袭原问题。重述的实质是把建模的思路说清楚，就是怎么开始建模的，应该言简意赅。了解问题的实际背景，明确建模的目的，清楚问题的研究现状和所用到的基本解决方法，综述问题的内容和意义。

三、模型假设

模型假设：根据相关的理论、物理模型、数学公式等抽象出问题的特征，假设相关的符号，列出需要的所有变量，忽略相应的影响因素，从而得到对解决问题有利的一整套模型体系。

在撰写论文时，应该把读者想象为对研究的问题一无所知或知之甚少的一个群体，因此，首先要简单地说明问题的情景，即要说清事情的来龙去脉。其次列出必要数据，提出要解决的问题，并给出研究对象的关键信息，它的目的在于使读者对要解决的问题有一个印象，以便擅于思考的读者自己也可以尝试解决问题。历届数学建模竞赛的试题可以看作情景说明的范例。

对情景的说明，不可能也不必要提供问题的每个细节。由此而建立的数学模型是不够的，还需要补充一些假设。模型假设是建立数学模型中非常关键的一步，关系到模型的成败和优劣，所以应该细致地分析实际问题，从大量的变量中筛选出最能表现问题本质的变量，并简化它们之间的关系。这部分内容就应该在论文的“问题的假设”部分中体现。因为假设一般不是实际问题直接提供的，它们因人而异，所以在撰写这部分内容时要注意以下几方面。

（1）论文中的假设要以严格、确切的数学语言来表达，避免让读者产生任何曲解。

（2）所提出的假设一定是建立数学模型所必需的，与建立模型无关的假设只会扰乱读者的思考。

（3）假设应验证其合理性。假设的合理性可以从分析问题过程中得出，如从问题的性质出发做出合乎常识的假设；或者由观察所给数据的图像，得到变量的函数形式；也可以参考其他资料类推得到。对于后者应指出参考文献的相关内容。

四、模型建立及求解

模型建立及求解：根据数学物理方程或者数据规律等，建立实际问题所对应的模型。

做出假设后，在论文中引进变量及其符号，抽象而确切地表达它们之间的关系，最后通过一定的数学方法，建立方程式或归纳为其他形式的数学问题。此处，一定要用分析和论证的方法（即说理的方法），让读者清楚地了解得到模型的过程，上下文之间切忌逻辑推理过程的跳跃度过大，否则会影响论文的说服力；需要推理和论证的地方，应该有推导的过程且力求严谨；引用现成定理时，要先验证满足定理的条件；论文中用到的各种数学符号，必须在第一次出现时加以说明。总之，要把得到数学模型的过程表达清楚，使读者获得判断模型科学性的一个依据。

把实际问题归结为一定的数学问题后，就要进行求解或分析。数值求解应对计算方法有所说明，并给出所使用软件的名称或者给出计算程序（通常以附录形式给出）。还可以用计算机软件绘制曲线和曲面示意图，来形象地表达数值计算结果。基于计算结果，可以用分析方法得到一些对实践有所帮助的结论。另外，有些模型（如非线性微分方程）需要稳定性或其他定性分析，这时应该指出所依据的数学理论，并在推理或计算的基础上得出明确的结论。在模型建立和分析的过程中，带有普遍意义的结论可以用清晰的定理或命题的形式陈述出来。结论使用时要注意的问题，可以用注记的形式列出。另外，定理和命题必须写清结论成立的条件。

五、模型检验

模型检验：对模型进行分析得出结果后，根据实际经验检测模型是否符合实际并加以说明。

要对某个实际问题进行数学建模，通常要先了解该问题的实际背景和建模目的，尽量弄清要建模的问题属于哪一类学科问题，然后通过互联网或图书馆查找与建模要求有关的资料和信息，为接下来的数学建模做准备，这一过程称为模型准备。因为人们所掌握的专业知识是有限的，而实际问题往往是多样和复杂的，所以模型准备对做好数学建模是非常重要的。

一个实际问题往往会涉及很多因素，如果把涉及的所有因素都考虑到，既不可能也没必要，而且还会使问题复杂化，从而导致建模失败。把实际问题变为数学问题并对其进行必要且合理的简化和假设，这一过程称为模型假设。在明确建模目的和掌握相关资料的基础上，去除一些次要因素，以主要矛盾为主来对该实际问题进行适当的简化并提出一些合理的假设。一般，所得建模的结果依赖于对应的模型假设，模型假设究竟要到达何种程度，要根据经验和具体问题决定。

六、模型评价

模型评价：结合实际，对模型的利弊加以阐述，说明模型的优点，同时说出模型应该改进的地方。

通常情况下，对数学建模模型的评价大多都流于形式，但模型水准的高低，很多时候要看对模型优缺点的分析。要想判断模型的好坏，最基本的一个标准是模型的可靠性。模型既然是对真实情况的简化和数字化的处理，那么就一定与实际有一定的差距，因此需要考虑这种简单化的处理对真实情况有多大的扭曲。

从模型里计算出来的数学结果要经过一个“解释”的过程，才能和真实问题对应起来。这个步骤其实承担着相当大的压力，因为合理的解释结果、适用的范围、修正失真，得出真实问题“有效的”结论，这些工作并没有规律可循，而且本身也不一定有多可靠。假设的条件越贴近真实问题，建模过程带来的问题失真就越小，模型的有效性和可信度就会越高，对真实问题的指导意义也会更好。

一个模型的建立越想要贴近真实问题，建模的过程可能越复杂，所以，一个模型也不是越贴近真实问题越好，需要注意的有三点：第一是简洁，简单的模型比复杂的模型要好，从美学的角度来说，简洁流畅、一气呵成的作品要比复杂甚至拼凑凌乱的要好很多，而且实用性也有明显的优势；第二是普遍性，最好的模型往往不是针对某个极为特定的问题，而是能解决一类问题，如果一个模型能具有普适意义，那也必定是非常受欢迎的；第三是深度，如果模型包含应该被理想化的问题，那么很可能会起到反作用，所以该分离的分离，该忽略的忽略。

七、参考文献

参考文献：为撰写或编辑论文和著作而引用的有关文献信息资源。对于论文建模过程中引用的相关书籍及他人的科研成果，要加以准确详细的备注。

阅读文献的数量很大程度上决定了论文的质量。因为看过的文献越多，知道的方法越多，可选择的范围越广，建立的模型越符合实际。关于文献搜索，参赛的三个人要分工，即根据题目中可能涉及的知识，分头寻找。一般先找中文资料，在中国知网、维普、万方等数据库上进行搜索。建议把一个数据库中关于这方面 10 年内的所有相关论文都下载下来，然后用浏览的方式看完，当你有了一定的了解后选择其中适合的方法加以改进创新，完成模型的建立。其实很多中文文献都是借鉴英文文献而来的，读中文资料相当于读英文资料的概要。阅读完中文文献后可以开始搜索英文文献，根据题目中的关键词进行搜索，但搜索结果不理想时，可以将关键词换成其近义词再次搜索，多次尝试后可能会得到比较满意的结果。另外，可以按照参考文献的历程搜索，每篇文献后面都列有相关的参考文献，通过寻找这些文献来理解研究历程，很可能就有新的发现。

八、附录

附录：起补充说明的作用。

在全国大学生数学建模竞赛过程中涉及的编程源代码，应添加到附录中。

第五章　美国大学生数学建模竞赛

第一节　走进美国大学生数学建模竞赛

一、赛事简介

美国大学生数学建模竞赛是世界上唯一的一项国际性数学建模竞赛，也是世界范围内最具影响力的数学建模竞赛。美国大学生数学建模竞赛分为两种：数学建模竞赛（Mathematical Contest In Modeling，MCM）和交叉学科建模竞赛（Interdisciplinary Contest In Modeling，ICM）。

竞赛期间，世界各地的大学生以小组形式参赛，在同一时间内解答赛题。为了激发学生的创造热情和培养学生解决实际问题的能力，所有赛题均具有真实背景及应用价值，而且是没有标准答案的开放问题。赛题的解答必须按学术论文的形式和要求完成，所以美国大学生数学建模竞赛不仅是建模竞赛，而且也是写作竞赛。从某种意义上说，论文写作是更重要的一个环节，一篇思路清晰、描述得体的解答论文，即使模型不是很好，也通常会比一篇模型较好但写作较差的论文获得更好的评审结果。

主办单位是美国数学及其应用联合会（the Consortium for Mathematics and Its Application，COMAP）。

二、赛事特点

学生以三人组成一个队的形式参赛，在四天内任选一题，完成该实际问题的数学建模全过程，并就问题的重述、简化和假设及其合理性的论述，数学模型的建立和求解（及软件），检验和改进，模型的优缺点，以及应用范围的自我评述等内容写出论文。为了积累经验，学生应该尽早地接受数学建模的训练，至少应该在大学低年级的时候就开始，这样可以在以后的课程学习中进一步强化数学建模的能力。由于数学建模的综合和交叉特性，各个专业的学生都能够从数学建模中获益，如提高自身解决实际问题的能力。

该竞赛旨在推动学生和教师参加数学建模活动。要求学生首先根据自己的理解，用自己的语言将开放型的赛题重新阐述清楚，然后对赛题进行分析并提出解决方案。竞赛强调数学建模的整体过程，而不是最终的答案。

所有赛题均为具有真实背景的开放型建模问题，由工业及政府部门的一线专家命题或在他们的指导下命题。解答格式有明确的规范，且参赛小组有较长的时间撰写解答论文。参赛小组在解题过程中允许使用计算机、教科书及其他资源。论文的表述是否清晰是论文评审的重点，最优论文将在数学期刊上发表。随着竞赛的深入发展，学校将会开设各种新课程、研讨会及讨论班，帮助学生和指导教师提高数学建模能力。

参赛论文如果没有按要求讨论赛题，或违反了竞赛规则，会被评定为不合格论文（unsuccessful participants）。其余参赛论文根据评审标准分为五个级别，由低分到高分分别为合格论文（successful participants）、乙级论文（honorable mention）、甲级论文（meritorious）、特级提名论文（finalist）、特级论文（outstanding winner）（也称为优胜论文）。任何论文只要对赛题进行了适当的讨论，没有违反竞赛规则，就是合格论文。只有建模和写作两方面都最优秀的论文才可能被评为特级论文。

各级别的论文所占的百分比：合格论文，即 S 奖，大约 50%的论文属于这个级别，国内称为成功参赛奖或者三等奖。乙级论文，即 H 奖，大约 30%的论文属于这个级别，国内称为二等奖。甲级论文，即 M 奖，10%～15%的论文属于这个级别，国内称为一等奖。特级提名论文，即 F 奖，大约 1%的论文属于这个级别。特级论文，即 O 奖，大约 1%的论文属于这个级别。

每一年的举办时间及比赛时间应该是固定的，但由于该大赛有来自世界各个国家的大学生参赛，故偶尔会因为某些事情更改时间。近几年由于中国学生的参与度剧增，已逐步形成比较稳定的参赛时间，为中国小年左右，即腊月二十三左右，参赛时间为四天，赛题提前 3 小时发出。

三、赛事补充说明

美国大学生数学建模竞赛分为 MCM 和 ICM，发展到 2020 年，每一类比赛分别有三个题目，分别为 MCM 问题 A（连续）、MCM 问题 B（离散）、MCM 问题 C（对于数据的见解）、ICM 问题 D（运筹学/网络科学）、ICM 问题 E（环境科学）、ICM 问题 F（政策）。每个参赛队伍在上述问题中选择且只能选择一个问题，并提交解决方案，选择 A、B、C 题就意味着参加 MCM，选择 D、E、F 题就是参加 ICM，两个比赛难易程度因人而异，荣誉含金量无本质区别。

在没有特别说明的情况下，所有的规则和说明同时适用于 ICM 和 MCM 竞赛，每支参赛队伍最多由三名学生组成，且必须由所在机构的指导教师报名（发起）。

团队成员：一支队伍至多由三名来自同一所学校的学生组成，大赛面向所有本科生和高中生。

指导教师的责任：确保队伍正确注册并完成竞赛中要求的步骤。

第二节　参赛的实施办法及方法途径

一、实施办法

（一）自身技能储备

一定的技能储备可以确保在比赛过程中不慌不忙、大展身手。

首先，参赛者可以提前学会几种常用的建模方法，掌握美国大学生数学建模竞赛涉及的相关方法。具体的方法技巧，可以通过到图书馆查阅资料、观看网络上的视频学习相关数学知识，如概率论与数理统计、运筹学等。其次，平时加强训练检索论文的能力和阅读理解论文的能力，观看某些公开课，与有经验的同学、老师多交流是掌握其中诀窍的好办法。另外，赛前多看往年的赛题及别人的获奖论文，从中掌握其精髓，获得写作论文的启发。

（二）队友选择

队友选择是一个很重要的环节，可参照第四章的全国大学生数学建模竞赛。

三人最好的搭配是：一位来自数学专业的同学负责建模，一位来自计算机专业的同学负责编程，一位来自英语专业的同学负责论文的排版和翻译，其中若有人三个专业均熟练地掌握是最好的。特别注意，三人的数学和英语功底不能相差甚远，否则有些内容负责建模的人向负责编程的人和负责论文的人表述，对方难以理解造成编程的错误，从而导致建模结果和论文叙述的错误，就会使比赛前功尽弃。队友的专业基础固然重要，但最重要的是大家想要把比赛做好的热情和恒心。

队长要提前了解队员的优势与劣势，然后和队员分配好任务，比如负责建模的同学主要熟悉美国大学生数学建模竞赛中常用的模型，负责编程的同学主要了解美国大学生数学建模竞赛中常用的算法，而负责写论文的同学主要掌握 LaTex 和 MathType 的用法，因为美国大学生数学建模竞赛的论文书写主要运用这两个软件，所以可提前收集一个比较好的 LaTex 模板，若时间不允许，选择一个好一点的美国大学生数学建模竞赛 Word 模板也是可以的。

（三）指导教师

指导教师可参照第四章的全国大学生数学建模竞赛的选择标准，选择有美国大学生数学建模竞赛指导经验的指导教师。

二、方法途径

（一）赛前准备

竞赛开始之前，你们并不知道将要解决什么问题，甚至什么类型的问题也不清楚，即便如此，还是有许多重要的工作可以在竞赛开始之前去做。

竞赛开始以前，首先需要组成一个团队。这里必须要强调一个团队的概念，MCM 创始人 Ben Fusaro 曾经说过：“不是最强的三个人构成一个团队，而是构成一个最强的三人团队”。团队成员需要在竞赛中自始至终密切合作，实现优势互补。竞赛涉及数学、计算机及写作能力，团队在每一方面都需要具备以上专业能力的人。每一个团队成员在题目确定后都要各自承担起自己负责的任务。例如，一个人负责文献搜索，一个人负责编程，一个人负责写作，写作应当立即开始。

强调团队协作必须贯穿全过程，每一个成员在竞赛过程中的任何时候都不应该无所事事，大家应该在一个合作的策略下工作。意见不一致时需要经过讨论协商解决，直到达成一致再采取行动。不要采取表决的方式来确定行动方案，因为在一个三人团体中，如果采取表决的方式做决策，被否决的一个人可能会感觉到被孤立和被忽视，从而导致不承认其他两人的决策而采取不合作的态度。

（二）网上报名

参赛官网为https://www.comap.com/，一般情况下，由自己报名，学校不组织统一报名。

从 2017 年开始，美国大学生数学建模竞赛的参赛规则有一些变化：竞赛时间延长 3 小时，即竞赛提前 3 小时公布试题；不再需要邮寄纸质版论文和控制页，即控制页打印签名后，拍照为图片格式或扫描为 PDF 格式发送邮件至美国数学及其应用联合会即可，竞赛论文发送到美国大学生数学建模竞赛指定邮箱 solutions@comap.com，竞赛控制页电子版发送至美国大学生数学建模竞赛指定邮箱 forms@comap.com。

（1）竞赛前——选择队员、注册。如果第一次注册，在美国大学生数学建模竞赛官网单击位于屏幕左侧的 Register for Contest。填写所有需要的信息包括队伍的电子邮件地址和联系方式。重要提示：确保使用的是当前有效的电子邮件地址以便在竞赛前、中、后必要的时候可以联系到你。如果你已经为今年的比赛注册过一支队伍，并且需要为第二支队伍注册，可单击 Advisor Login，然后通过你注册的第一支参赛队时使用的电子邮件地址和密码登录。登录以后，单击接近网页右上角的 Register Another Team，按说明操作。该竞赛不对指导教师的注册队伍数做限制。

（2）竞赛开始后——从竞赛官网上得到赛题，选择其中的一个问题，队伍准备解决方案，打印摘要页和控制页。

（3）竞赛结束前——通过邮件提交论文电子档、准备控制页。

（4）竞赛结束后——确认收到团队的解决方案。

如果某支队伍未遵守大赛规则，其指导教师将被禁止指导其他队伍一年，其所在单位将被留作观察一年，如果相同机构的队伍是第二次违规，该学校将被禁赛至少一年。

如果需要修改注册时填写的信息（姓名、地址、联系信息等），你可以在比赛前和比赛期间的任何时间使用与注册时相同的邮箱地址和密码登录并修改（单击页面左侧的 Advisor Login 链接）。进入后，单击接近页面右上角的 Edit Advisor or Institution Data 链接，需要在竞赛期间返回竞赛官网去确认队伍信息，打印或下载你们队伍的控制页和摘要页，这些将在准备你的队伍解决方案时用到。

竞赛开始后，每个参赛队可以从六个题目中任选一个题目作答，MCM 的参赛队可以选择赛题 A、B、C，ICM 的参赛队可以选择赛题 D、E、F。

（三）最终提交作品

（1）参赛队可以利用任何非生命提供的数据和资料，包括计算机、软件、参考书目、网站等，但是所有引用的资料必须注明出处，如有参赛队未注明引用的内容的出处，将被取消参赛资格。

（2）参赛队成员不允许向指导教师或者除了本团队成员以外的其他人寻求帮助或讨论问题。禁止与除本团队成员以外的任何人以任何形式进行接触。这包括通过 E-mail 联系、电话联系、私人交谈、网络聊天联络或是其他的任何问答系统，或者其他任何的交流方式。

（3）部分解决方案是可接受的。大赛不存在通过或不通过的分数分界点，也不会有一个数字形式的分数。MCM/ICM 的评判依据主要是参赛队的解决方法和步骤。

（4）摘要页：摘要是 MCM/ICM 中的重要部分。在评卷过程中，摘要占据了相当大的比重，以至于有的时候获奖论文之所以能在众多论文中脱颖而出是因为其高质量的摘要。好的摘要可以使读者通过摘要就能判断自己是否需要通读论文的正文部分。因此，摘要应尽量清楚地描述解决问题的方法，显著地表达论文中最重要的结论，激发读者阅读论文详细内容的兴趣。那些简单重复比赛题目和复制粘贴引言中的样板文件的摘要一般被认为是没有竞争力的。

（5）评委对于论文写作的评判主要考虑以下几个方面：简明扼要，有组织性；文章正文给出主要的解决方案构想和结果，提供一个清晰的变量和假设的列表；如何通过调整使模型付诸实际应用；这个问题的分析及其模型的设计方案；讨论如何进行模型测试，包括误差分析与稳定性（适用条件、灵敏度等）；讨论模型及求解方法的显著优缺点。

（6）论文需按规范的格式用英文书写，用可读的字体，字号为 11 或 12。

（7）整个解决方案必须由正文主体部分、必要的图形、表格或其他类型的材料组成，并且只能以论文的形式递交。不是文档形式的材料如计算机文件或磁盘等将不被接受。

（8）解决方案的每一页的顶部都需要有参赛队的控制编号及页码。建议在每页上使用页眉，如 Team # 321，Page 6 of 13。

（9）参赛队的成员名单、指导教师名单及学校名称均不能出现在解决方案的任何一页上。整个赛题解决方案不能包含有除了参赛队控制编号以外的任何身份识别信息。

第三节　参赛作品撰写指南

一、摘要

摘要应达到吸引读者进一步阅读论文的目的，不要用“First we…then we”这样干巴巴的句子重复论文中的内容，也不要在开篇时使用类似“This paper will solve…”的句子。摘要的第一句话尤其重要，应该以吸引人的语言激发读者的兴趣。例如，在 2008 年的 MCM 竞赛中有一道有关 T 数独游戏的赛题，有一篇题为 *Taking the Mystery Out of Sudoku Difficulty*：*An Oracular Model* 的优胜论文，其摘要的第一句话就达到了这样的效果：In the last few years，the 9-by-9 puzzle grid known as Sudoku has gone from being a popular Japanese puzzle to a global crazed。

摘要虽然不能也不应该包含太多的细节，但必须简明扼要地将解题方法描述清楚，包括全部要点及主要思路，并阐明所得出的结论。如果有数值运算，还应该给出重要的计算结果。因为数学公式在很短的篇幅内很难解释清楚，所以最好不要在摘要中使用数学公式。

二、论文其他部分

问题重述与分析、模型假设、模型建立及求解、模型检验、模型评价均可参照第四章的全国大学生数学建模竞赛，书写需要注意的问题基本与全国大学生数学建模竞赛相同。

三、参考文献

英文注释：当首次引用一本著作的资料时，注释中须将该书的作者姓名、书名、出版地、出版者、出版年代及资料所在页码注明。具体格式如下。

（一）专著类

（1）作者姓名通常按顺序排列，后面加逗号；书名后紧接圆括号，括号内注出版地，加冒号，后接出版社名称，再加逗号，然后注出版年代；括号后面加逗号，再注出引用资料所在的页码，页码后加句号表示注释完毕；单页页码用 p.表示；多页页码用 pp.表示，意为 pages。

（2）作者如是两人，作者姓名之间用 and 或＆连接；如是两人以上，可写出第一作者姓名，后面加 et al.表示 and others。

（3）著作名如有副标题，则以冒号将其与标题隔开，如 Robert K.Murray，*The Harding Era*：*Warren G. Harding and His Administration*（Minneapolis：University of Minnesota Press，1969），p.91.

（4）著作如是多卷本中的一卷，须在注明页码前，用 Vol.加罗马数字标明卷数，如 Ralph F. de Bedts，*Recent American History*：*1945 to the Present*，Vol.II（Illinois：Dorsey Press，1973），p.169.

（二）编著类

（1）如编者是多人，则须将 ed.写成 eds.，如 E. B. White & Katherine S.White，eds.，A Subtreasury of American Humor，后面的注释内容与著作类同。

（2）既有编者又有著者的著作，须将著者姓名置于书名前，编者姓名置于书名后，如 George Soule，*Prosperity Decade*：*From War to Depression*，1917-1929（eds. Henry David et al.，New York：M. E. Sharpe，Inc.，1975），p.235. 当然，也可不注编者，按专著类注释处理。

第四节 参赛流程中常见问题解答

论文翻译需要注意英语的用法，不可直接用翻译软件翻译。

（1）保持主谓一致。论文中主语和谓语不一致是常见的错误，如主语为单数使用了复数动词。仔细检查是保证主语和谓语一致的有效方法。如果句子简单，谓语在位置上很接近主语，保持主谓一致是很容易的事情，但是，如果主语和谓语之间含有一些短语，则保持主谓一致就相对困难。例如，One of the solutions is positive.在这个句子中尽管 solutions 是复数，但主语是单数 one，应该用单数谓语动词 is。

（2）正确使用 that 和 which。在什么场合下使用 that，以及在什么场合下使用 which 是许多语法书关心的问题，在数学建模中，它们到底有多重要，仁者见仁，智者见智，有时间把这个问题搞清楚是值得的。通常，that 是指某个特定的对象，which 是用来给句中的某个对象做补充说明。例如，The car that was blue went through the stop sign 与 The car,which was blue, went through the stop sign 的区别。怎样确定何时使用 that 和 which 的经验是只要 that 听起来顺耳就使用 that。

（3）避免拼写错误。单词拼写错误也是一个常见的错误，一般情况下，可以用一些检查软件进行查错，但有些时候可能只是一个字母出错，却构成了另一个单词。例如，discrete 和 discreet，principle 和 principal，lose 和 loose 等。另外在正式写作中最好不要出现缩写形式。

（4）使用无争议的代词，英语中没有用于泛指第三人称单数的代词，之前常用男性第三人称单数代词代替，但有很大的争议。这里，使用 they 作为第三人称单数及第三人称复数是一个没有争议且具有历史依据的解决方案。例如，A student should be careful not to lose their books.

（5）正确使用冠词。中文论文不需要在名词前加冠词，导致了我们在用英语书写论文时经常用错冠词。对于名词前是否需要添加冠词遵循两个规则：第一，在表示单个物体的名词前一定要加冠词；第二，在表示某一类物体的名词前不加冠词。例如，A function is differentiable；The derivative are not necessarily continuous。

第六章　全国大学生数学竞赛

第一节　走进全国大学生数学竞赛

一、赛事简介

2009 年，全国大学生数学竞赛（The Chinese Mathematics Competitions，CMC）开始举办。作为一项面对本科生的全国性高水平学科竞赛，全国大学生数学竞赛为青年学子提供了一个展示基本知识和思维能力的舞台，为发现和选拔优秀数学人才并促进高等学校数学课程建设的改革和发展积累了调研素材。

二、赛事特点

（1）竞赛组织工作。分区预赛由各省（自治区、直辖市）数学会和军队院校数学教学联席会负责组织选拔，使用全国统一试题，在同一时间内进行考试。决赛由全国大学生数学竞赛委员会和承办单位负责组织实施。

（2）奖项的设立。设立初赛（以省、自治区、直辖市作为赛区，军队院校为一个独立赛区）奖与决赛奖。

初赛奖按照数学专业（分 A 类和 B 类）与非数学专业的实际参赛人数分别评奖。每个赛区的获奖总名额不超过总参赛人数的 35%（其中一等奖、二等奖、三等奖分别占各类获奖总人数的 20%、30%、50%）。冠名为“第*届全国大学生数学竞赛*等奖”。

第十二届全国大学生数学竞赛通知参加全国决赛的总人数不超过 600 人（其中数学类、非数学类学生各 300 名），决赛阶段的评奖等级按绝对分数评奖。

第二节　竞 赛 范 围

全国大学生数学竞赛分为数学专业类竞赛题和非数学专业类竞赛题。

一、全国大学生数学竞赛（数学专业类）

竞赛内容为大学本科数学专业基础课的教学内容，数学分析占 50%，高等代数占 35%，解析几何占 15%，具体内容如下。

（一）数学分析部分

1. 集合与函数

（1）实数集、有理数与无理数的稠密性，实数集的界与确界、确界存在性定理、闭区间套定理、聚点定理、有限覆盖定理。

（2）邻域、聚点、界点、边界、开集、闭集、有界（无界）集、闭矩形套定理、聚点定理、有限覆盖定理、基本点列。

（3）函数、映射、变换概念及其几何意义，隐函数概念，反函数与逆变换，反函数存在性定理，初等函数及与之相关的性质。

2. 极限与连续

（1）数列极限、收敛数列的基本性质（极限唯一性、有界性、保号性、不等式性质）。

（2）数列收敛的条件（柯西收敛准则、迫敛性、单调有界原理、数列收敛与其子列收敛的关系），极限及其应用。

（3）一元函数极限的定义、函数极限的基本性质（唯一性、局部有界性、保号性、不等式性质、迫敛性），归结原则和柯西收敛准则，两个重要极限及其应用，计算一元函数极限的各种方法，无穷小量与无穷大量，阶的比较，记号 O 与 o 的意义，多元函数重极限与累次极限概念、基本性质，二元函数的二重极限与累次极限的关系。

（4）函数连续与间断，一致连续性，连续函数的局部性质（局部有界性、保号性），有界闭集上连续函数的性质（有界性、最大值最小值定理、介值定理、一致连续性）。

3. 一元函数微分学

（1）导数及其几何意义，可导与连续的关系，导数的各种计算方法，微分及其几何意义，可微与可导的关系，一阶微分形式不变性。

（2）微分学基本定理：费马大定理、罗尔中值定理、拉格朗日中值定理、柯西中值定理、泰勒公式（皮亚诺余项与拉格朗日余项）。

（3）一元微分学的应用：函数单调性的判别、极值、最大值和最小值，凸函数及其应用，曲线的凹凸性、拐点、渐近线，函数图像的讨论，洛必达法则，近似计算。

4. 多元函数微分学

（1）偏导数、全微分及其几何意义，可微与偏导存在、连续之间的关系，复合函数的偏导数与全微分，一阶微分形式不变性，方向导数与梯度，高阶偏导数，混合偏导数与顺序无关性，二元函数中值定理与泰勒公式。

（2）隐函数存在定理、隐函数组存在定理、隐函数（组）求导方法、反函数组与坐标变换。

（3）几何应用（平面曲线的切线与法线、空间曲线的切线与法平面、曲面的切平面与法线）。

（4）极值问题（必要条件与充分条件），条件极值与拉格朗日乘数法。

5. 一元函数积分学

（1）原函数与不定积分，不定积分的基本计算方法（直接积分法、换元法、分部积分法），有理函数积分型。

（2）定积分及其几何意义，可积条件（必要条件、充要条件），可积函数类。

（3）定积分的性质（关于区间可加性、不等式性质、绝对可积性、定积分第一中值定理），变上限积分函数，微积分基本定理，N-L 公式及定积分计算，定积分第二中值定理。

（4）无限区间上的广义积分，柯西收敛准则，绝对收敛与条件收敛，非负时的收敛性判别法（比较原则、柯西判别法），阿贝尔判别法，狄利克雷判别法，无界函数广义积分概念及其收敛性判别法。

（5）微元法，几何应用（平面图形面积、已知截面面积函数的体积、曲线弧长与弧微分、旋转体体积），其他应用。

6. 多元函数积分学

（1）二重积分及其几何意义、二重积分的计算（化为累次积分、极坐标变换、一般坐标变换）。

（2）三重积分、三重积分计算（化为累次积分、柱坐标、球坐标变换）。

（3）重积分的应用（体积、曲面面积、重心、转动惯量等）。

（4）含参量正常积分及其连续性、可微性、可积性，运算顺序的可交换性。含参量广义积分的一致收敛性及其判别法，含参量广义积分的连续性、可微性、可积性，运算顺序的可交换性。

（5）第一型曲线积分、曲面积分的概念、基本性质、计算。

（6）第二型曲线积分概念、性质、计算；格林公式，平面曲线积分与路径无关的条件。

（7）曲面的侧、第二型曲面积分的概念、性质、计算，奥-高公式、斯托克斯公式，两类线积分、两类面积分之间的关系。

7. 无穷级数

（1）数项级数。级数及其敛散性、级数的和、柯西收敛准则、收敛的必要条件、收敛级数基本性质；正项级数收敛的充分必要条件，比较原则、比式判别法、根式判别法及它们的极限形式；交错级数的莱布尼茨判别法；一般项级数的绝对收敛、条件收敛性、阿贝尔判别法、狄利克雷判别法。

（2）函数项级数。函数列与函数项级数的一致收敛性、柯西收敛准则、一致收敛性判别法（M-判别法、阿贝尔判别法、狄利克雷判别法）、一致收敛函数列、函数项级数的性质及其应用。

（3）幂级数。幂级数概念，阿贝尔定理，收敛半径与区间，幂级数的一致收敛性，幂级数的逐项可积性，可微性及其应用，幂级数各项系数与其和函数的关系，函数的幂级数展开，泰勒级数、麦克劳林级数。

（4）傅里叶级数。三角级数、三角函数系的正交性、2 及 2 周期函数的傅里叶级数展开、贝塞尔不等式、黎曼-勒贝格定理、按段光滑函数的傅里叶级数的收敛性定理。

（二）高等代数部分

1. 多项式

（1）数域与一元多项式的概念。
（2）多项式整除、带余除法、最大公因式、辗转相除法。
（3）互素、不可约多项式、重因式与重根。
（4）多项式函数、余数定理、多项式的根及性质。
（5）代数基本定理、复系数与实系数多项式的因式分解。
（6）本原多项式、高斯引理、有理系数多项式的因式分解、艾森斯坦因判别法、有理数域上多项式的有理根。
（7）多元多项式及对称多项式、韦达定理。

2. 行列式

（1）n 级行列式的定义。
（2）n 级行列式的性质。
（3）行列式的计算。
（4）行列式按一行（列）展开。
（5）拉普拉斯展开定理。
（6）克莱姆法则。

3. 线性方程组

（1）高斯消元法、线性方程组的初等变换、线性方程组的一般解。
（2）维向量的运算与向量组。
（3）向量的线性组合、线性相关与线性无关、两个向量组的等价。
（4）向量组的极大无关组、向量组的秩。
（5）矩阵的行秩、列秩、秩、矩阵的秩与其子式的关系。
（6）线性方程组有解判别定理、线性方程组解的结构。
（7）齐次线性方程组的基础解系、解空间及其维数。

4. 矩阵

（1）矩阵的概念、矩阵的运算（加法、数乘、乘法、转置等运算）及其运算律。
（2）矩阵乘积的行列式、矩阵乘积的秩与其因子的秩的关系。
（3）矩阵的逆、伴随矩阵、矩阵可逆的条件。
（4）分块矩阵及其运算与性质。
（5）初等矩阵、初等变换、矩阵的等价标准形。

（6）分块初等矩阵、分块初等变换。

5. 双线性函数与二次型

（1）双线性函数、对偶空间。
（2）二次型及其矩阵表示。
（3）二次型的标准形，化二次型为标准形的配方法、初等变换法、正交变换法。
（4）复数域和实数域上二次型的规范形的唯一性、惯性定理。
（5）正定、半正定、负定二次型及正定、半正定矩阵。

6. 线性空间

（1）线性空间的定义与简单性质。
（2）维数、基与坐标。
（3）基变换与坐标变换。
（4）线性子空间。
（5）子空间的交与和、维数公式、子空间的直和。

7. 线性变换

（1）线性变换的定义、线性变换的运算、线性变换的矩阵。
（2）特征值与特征向量、可对角化的线性变换。
（3）相似矩阵、相似不变量、哈密顿-凯莱定理。
（4）线性变换的值域与核、不变子空间。

8. 欧氏空间

（1）内积和欧氏空间、向量的长度、夹角与正交、度量矩阵。
（2）标准正交基、正交矩阵、施密特正交化方法。
（3）欧氏空间的同构。
（4）正交变换、子空间的正交补。
（5）对称变换、实对称矩阵的标准形。
（6）主轴定理、用正交变换化实二次型或实对称矩阵为标准形。
（7）酉空间。

（三）解析几何部分

1. 向量与坐标

（1）向量的定义、表示、向量的线性运算、向量的分解、几何运算。
（2）坐标系的概念、向量与点的坐标及向量的代数运算。
（3）向量在轴上的射影及其性质、方向余弦、向量的夹角。
（4）向量的数量积、向量积和混合积的定义、几何意义、运算性质、计算方法及应用。

（5）应用向量求解一些几何、三角问题。

2. 轨迹与方程

（1）曲面方程的定义：普通方程、参数方程（向量式与坐标式之间的互化）及其关系。

（2）空间曲线方程的普通形式和参数方程形式及其关系。

（3）建立空间曲面和曲线方程的一般方法，应用向量建立简单曲面、曲线的方程。

（4）球面的标准方程和一般方程、母线平行于坐标轴的柱面方程。

3. 平面与空间直线

（1）平面方程、直线方程的各种形式，方程中各有关字母的意义。

（2）从决定平面和直线的几何条件出发，选用适当方法建立平面、直线方程。

（3）根据平面和直线的方程，判定平面与平面、直线与直线、平面与直线间的位置关系。

（4）根据平面和直线的方程及点的坐标判定有关点、平面、直线之间的位置关系，计算它们之间的距离与交角等；求两异面直线的公垂线方程。

4. 二次曲面

（1）柱面、锥面、旋转曲面的定义，求柱面、锥面、旋转曲面的方程。

（2）椭球面、双曲面与抛物面的标准方程和主要性质，根据不同条件建立二次曲面的标准方程。

（3）单叶双曲面、双曲抛物面的直纹性及求单叶双曲面、双曲抛物面的直母线的方法。

（4）根据给定直线族求出它表示的直纹面方程，求动直线和动曲线的轨迹问题。

5. 二次曲线的一般理论

（1）二次曲线的渐近方向、中心、渐近线。

（2）二次曲线的切线、二次曲线的正常点与奇异点。

（3）二次曲线的直径、共轭方向与共轭直径。

（4）二次曲线的主轴、主方向，特征方程、特征根。

（5）化简二次曲线方程并画出曲线在坐标系的位置草图。

二、全国大学生数学竞赛（非数学专业类）

竞赛内容为大学本科理工科专业高等数学课程的教学内容，具体内容如下。

1. 函数、极限与连续

（1）函数的概念及表示法、简单应用问题的函数关系的建立。

（2）函数的性质：有界性、单调性、周期性和奇偶性。

（3）复合函数、反函数、分段函数和隐函数、基本初等函数的性质及其图形、初等函数。

（4）数列极限与函数极限的定义及其性质、函数的左极限与右极限。

（5）无穷小和无穷大的概念及其关系、无穷小的性质及无穷小的比较。

（6）极限的四则运算、极限存在的单调有界准则和夹逼准则、两个重要极限。

（7）函数的连续性（含左连续与右连续）、函数间断点的类型。

（8）连续函数的性质和初等函数的连续性。

（9）闭区间上连续函数的性质（有界性、最大值和最小值定理、介值定理）。

2. 一元函数微分学

（1）导数和微分的概念、导数的几何意义和物理意义、函数的可导性与连续性之间的关系、平面曲线的切线和法线。

（2）基本初等函数的导数、导数和微分的四则运算、一阶微分形式的不变性。

（3）复合函数、反函数、隐函数及参数方程所确定的函数的微分法。

（4）高阶导数的概念、分段函数的二阶导数、某些简单函数的 n 阶导数。

（5）微分中值定理，包括罗尔中值定理、拉格朗日中值定理、柯西中值定理和泰勒公式。

（6）洛必达法则与求未定式极限。

（7）函数的极值、函数单调性、函数图形的凹凸性、拐点及渐近线（水平、铅直和斜渐近线）、函数图形的描绘。

（8）函数最大值和最小值及其简单应用。

（9）弧微分、曲率、曲率半径。

3. 一元函数积分学

（1）原函数和不定积分的概念。

（2）不定积分的基本性质、基本积分公式。

（3）定积分的概念和基本性质、定积分中值定理、变上限定积分确定的函数及其导数、牛顿-莱布尼茨公式。

（4）不定积分和定积分的换元积分法与分部积分法。

（5）有理函数、三角函数的有理式和简单无理函数的积分。

（6）广义积分。

（7）定积分的应用：平面图形的面积、平面曲线的弧长、旋转体的体积及侧面积、平行截面面积为已知的立体体积、功、引力、压力及函数的平均值。

4. 常微分方程

（1）常微分方程的基本概念：微分方程及其解、阶、通解、初始条件和特解等。

（2）变量可分离的微分方程、齐次微分方程、一阶线性微分方程、伯努利方程、全微分方程。

（3）可用简单的变量代换求解的某些微分方程、可降阶的高阶微分方程。

（4）线性微分方程解的性质及解的结构定理。

（5）二阶常系数齐次线性微分方程、高于二阶的某些常系数齐次线性微分方程。

（6）简单的二阶常系数非齐次线性微分方程：自由项为多项式、指数函数、正弦函数、余弦函数，以及它们的和与积。

（7）欧拉方程。

（8）微分方程的简单应用。

5. 向量代数和空间解析几何

（1）向量的概念、向量的线性运算、向量的数量积和向量积、向量的混合积。

（2）两向量垂直、平行的条件，两向量的夹角。

（3）向量的坐标表达式及其运算、单位向量、方向数与方向余弦。

（4）曲面方程和空间曲线方程的概念、平面方程、直线方程。

（5）平面与平面、平面与直线、直线与直线的夹角以及平行、垂直的条件，点到平面和点到直线的距离。

（6）球面、母线平行于坐标轴的柱面，旋转轴为坐标轴的旋转曲面的方程，常用的二次曲面方程及其图形。

（7）空间曲线的参数方程和一般方程、空间曲线在坐标面上的投影曲线方程。

6. 多元函数微分学

（1）多元函数的概念、二元函数的几何意义。

（2）二元函数的极限和连续的概念、有界闭区域上多元连续函数的性质。

（3）多元函数偏导数和全微分、全微分存在的必要条件和充分条件。

（4）多元复合函数、隐函数的求导法。

（5）二阶偏导数、方向导数和梯度。

（6）空间曲线的切线和法平面、曲面的切平面和法线。

（7）二元函数的二阶泰勒公式。

（8）多元函数极值和条件极值，拉格朗日乘数法，多元函数的最大值、最小值及其简单应用。

7. 多元函数积分学

（1）二重积分和三重积分的概念及性质、二重积分的计算（直角坐标、极坐标）、三重积分的计算（直角坐标、柱面坐标、球面坐标）。

（2）两类曲线积分的概念、性质及计算，两类曲线积分的关系。

（3）格林公式、平面曲线积分与路径无关的条件、已知二元函数全微分求原函数。

（4）两类曲面积分的概念、性质及计算，两类曲面积分的关系。

（5）高斯公式、斯托克斯公式、散度和旋度的概念及计算。

（6）重积分、曲线积分和曲面积分的应用（平面图形的面积、立体图形的体积、曲面面积、弧长、质量、质心、转动惯量、引力、功及流量等）。

8. 无穷级数

（1）常数项级数的收敛与发散、收敛级数的和、级数的基本性质与收敛的必要条件。

（2）几何级数与 p 级数及其收敛性、正项级数收敛性的判别法、交错级数与莱布尼茨判别法。

（3）任意项级数的绝对收敛与条件收敛。

（4）函数项级数的收敛域与和函数的概念。

（5）幂级数及其收敛半径、收敛区间（指开区间）、收敛域与和函数。

（6）幂级数在其收敛区间内的基本性质（和函数的连续性、逐项求导和逐项积分）、简单幂级数的和函数的求法。

（7）初等函数的幂级数展开式。

（8）函数的傅里叶系数与傅里叶级数、狄利克雷定理、函数在[−l，l]上的傅里叶级数、函数在[0，l]上的正弦级数和余弦级数。

第三节　参赛的方法途径

一、报名形式途径

按所在省、自治区、直辖市数学会、军队院校数学教学联席会或学会委托的承办单位的要求报名。每个参赛学生要向参赛单位交报名费 60 元，用于分区预赛和决赛阶段竞赛工作的组织、命题、评奖、颁奖等有关工作的费用。

二、推荐书目

《大学数学竞赛指导》，国防科学技术大学大学数学竞赛指导组。清华大学出版社，2009。

《大学生数学竞赛习题精讲》，陈兆斗等。清华大学出版社，2010。

《高等数学竞赛题解析教程（2018）》，陈仲。东南大学出版社，2017。

《高等数学竞赛教程（第三版）》，卢兴江和金蒙伟。浙江大学出版社，2010。

《高等数学难题解题方法选讲》，孙洪祥和王晓红。机械工业出版社，2015。

《数学历年试题解析》，李永乐等。国家行政学院出版社，2011。

第七章　中国高校SAS数据分析大赛

第一节　走进中国高校SAS数据分析大赛

一、赛事简介

统计分析软件（statistical analysis system，SAS）是全球最大的私营软件公司之一，是全球最大的商业智能软件独立厂商及服务提供厂商，被誉为“世界500强企业背后的管理大师”。而中国高校SAS数据分析大赛就是由SAS中国公司发起的专门针对中国高校数据分析的一次非营利性的公益大赛，不收取参赛队伍任何费用。大赛的宗旨在于促进中国高校对SAS软件的认识、应用和普及，提高学生SAS软件的应用水平，从而使中国高校在数据建模领域与国际接轨。

在当今数据信息大势发展的背景下，SAS数据分析在市场的竞争力越来越突出，在软件处理问题和就业趋势上有着更加明朗的前景。所以，从高校大学生的角度出发，培养这种技术人才就显得尤为重要。而中国高校SAS数据分析大赛就是SAS公司为中国广大学子提供的一个学习锻炼的平台，也给各大企业搭建了一条输送人才的桥梁。

二、赛事特点

（一）比赛规则

赛题由SAS公司技术专家直接命题，初赛一天，决赛两天，由SAS公司或协办单位提供相关软件、硬件环境以供比赛使用，比赛结束当天参赛队伍将相关文档或电子数据交给专家组相关负责人员；参赛队员可就比赛命题进行讨论、分工、配合，但不得以任何方式寻求参赛队伍以外人员协助完成命题；比赛结果由SAS公司组织专家进行评审，评审以100分制进行打分。初赛阶段，专家组只针对出线队伍进行文字评审；决赛阶段，专家组只针对获奖队进行文字评审。

（二）参赛资格

全国高校在校本科生和研究生组队参赛，每个参赛队伍的队员人数最多不超过三人，每个学校可以有多个队代表不同的学院参加比赛，可以跨专业、跨年级组队。赛区分配会具体通知参赛者，无区域限制。

（三）奖项设置

初赛。每个赛区将评出前三名并获得赛区证书，全国进入决赛的队伍暂定为 50 支，会根据初赛队伍数量做出适当调整。

决赛。评选出一组冠军、一组亚军、一组季军及第四名至第十名，获得相应的证书和奖励，其中获得冠军、亚军、季军的队伍均可获得 SAS 公司或赞助单位的实习机会一次（毕业后两年内有效）。所有进入决赛的人员均录入 SAS 推荐人才库；所有进入决赛阶段的参赛队的指导教师均录入 SAS 公司的专家库。

（四）大赛时间

（1）初赛时间：10 月左右。

（2）决赛时间：11 月左右。

（3）比赛报名截止日期需见官网具体通知；为保公平，初赛将在同一天举行。初赛和决赛结束后两周内公布结果。

第二节　参赛实施办法及方法途径

一、实施办法

（一）自身技能储备

1. 软件知识储备

（1）常用办公室软件 Word、Excel、PPT 等。

（2）数据分析需要使用专业的软件平台来实现，主要是通过 SAS 软件来处理数据。

2. 专业知识储备

（1）高等数学、线性代数、概率论与数理统计及数据分析处理中常用的算法等。

（2）SAS 软件相关的知识。

（二）队友选择

大赛主要针对本科生和研究生，而每个学生能力有所不同，所以通常以队为单位参赛，每队不超过 3 人（需属于同一所学校），专业不限。所以，赛前队友的选择显得尤为重要，主要注意以下几点。

（1）因为题目大多属于开放性思维的，所以男女搭配最为适宜。

（2）大赛在程序编程、题目分析和论文写作等多方面都有要求，而近年来这个比赛主要是以题目的分析为重，对于 SAS 代码的编写能力要求并不是很高，所以对于问题处理时的方法、思路更为重要。因此，建议队友选择时应选择与 SAS 数据分析相关的专业。

（3）队员选择时需考虑到队员之间的默契配合程度，避免比赛期间组内矛盾发生。

二、方法途径

（一）赛前准备

中国高校 SAS 数据分析大赛主要针对统计分析，掌握基础的 SAS 使用方法及相关统计理论知识是必不可少的。而对于参赛对象，需要注意以下几点。

（1）在比赛之前系统地了解、学习 SAS 软件的使用，具备基本的编程知识。关注近几年的赛事情况，了解一下题目的大体情况及历年来的优秀作品。

（2）重点学习常用的数据分析算法，可以选择网上查找，或者查看 SAS 算法相关图书，如《SAS 开发经典案例解析》《数据分析变革：大数据时代精准决策之道》《SAS 编程和数据挖掘商业案例》等。

（3）比赛前，组委会会组织几次视频课程，大家可自行查看，也可以到“数学中国”网站上看录播。

（4）比赛前，组委会会发参赛确认邮件，附带有初赛涉及的详细比赛要求，并且会包含具体要考察的内容。学生要重点分析一下邮件，然后把自己不了解的知识点尽力查漏补缺。

（二）报名方式

（1）登录大赛报名网站在线报名。

（2）发送邮件报名。

第三节　参赛作品撰写指南

一、文档

比赛结束后，提交的是 Word 文档+SAS 格式的源程序，把绘制的图形及输出的结果截图到 Word 中。

粘贴图文时需要注意以下两点。

（1）大赛设计 SAS 模块一般分为 SAS BASE、SAS GRAPH、SAS STAT、SAS ETS、SAS OR 几个模块，所以粘贴时应标明所属题目。

（2）必要时需添加文字解释说明，比赛是现场进行的，重点考察参赛者的数据处理能力，不用长篇大论。

二、SAS 程序代码

将每一题的数据处理所需要的代码粘贴上交，可添加必要的代码解释说明。具体的题干会给出明确要求，如数学表达式（包括目标函数、约束条件）等。

三、经验分享

（一）初赛

比赛前，组委会会发参赛确认邮件，后面会附带初赛涉及的详细比赛要求。

1. 大赛的整体框架

（1）总共四道题，每道题目都有题干。
（2）初赛题目主要涉及的是 SAS 统计知识和操作应用。
（3）设计 SAS 中的 BASE、GRAPH、STAT 和 ETS 四个模块。
（4）SAS 9.2 以上的版本都可以使用。

2. 大赛赛题考核范围

1）数据处理与展现部分
（1）Data 步骤操作：涉及创建保留类型变量、数据循环。
（2）宏与宏变量：涉及参数传递、分支语句与循环语句。
（3）绘制过程步骤：绘制线图和柱线图。
（4）SQL 过程步骤：两表横向连接、汇总函数和非关联查询。
2）数据分析部分
（1）聚类过程：以层次聚类为主。
（2）降维方法和数据关系展示：涉及主成分分析、多维标度等。
（3）时间序列分析：涉及指数平滑、ARINA。
（4）非线性模型：以 proc nlin 为主。

3. 题目分析

比赛之前就已经知道具体要考察的内容，ARINA、proc nlin 之类的只需要好好看帮助文档，把它们搞懂就可以了。至于指数平滑这种不知道过程步骤名字的，首先可以到网上去搜一下，或者在老师发的资料里面找一下，基本也能够找到。

关于 GRAPH 模块，这个模块需要重点了解柱图、线图和柱线图。对应的过程步骤分别是 GBAR、GPLOT、GBARLINE 三个。还有一个过程步骤需要注意，就是 GMAP，这是一个绘制地图的过程步，在参赛时作为附加题出现。

下面是分题目的介绍。

第一题，一般是将 GRAPH 模块和宏结合起来，题目会给出很明确的输入参数和应该的输出结果截图。

各位参赛者在准备 GRAPH 模块时，可参考以下几点建议。

（1）重点阅读参考书目，里面有很多示例，大家务必将代码运行一下，毕竟眼过千遍不如手过三遍，要不然临场可能会出问题。

（2）虽说参考书很重要，但备考时间有限，需要做到取舍，如范例中不重要的部分就可以忽略。参赛者需要清楚，比赛只需要画出柱线图，最多也就再画一个地图，不需要看其他的各种过程。比如范例中类似于画三角形、键盘及设定图片背景之类的也可以不做重点掌握。另外，如果有时间最好看看 Annotation，如在画地图的时候，希望标注地图上的地区，出现了一个无法在图上标注中文的问题，又出现了字迹覆盖的问题，所以最后效果图既不完美也不美观，参赛者有时间可以先解决这个问题，避免此类意外发生。

第二题，是有关 SQL 的题目，内容基本来自课堂上学过的内容，难度不大，复习下相关知识点即可。

第三题，是有关统计方面的 STAT 模块，需要用到的就是组委会在初赛前发的邮件里面的过程，此题用到了 nlin 做非线性回归，比赛之前需要回顾一番，此题语句条件都不是特别复杂，几乎都是常用的东西，所以较为简单。

第四题，ETS 模块，用到的也是邮件所提示的相关知识点。

总体来说，题目会在第三、四题难度有所提升，可能会出现赛前没有准备到的东西，如画地图、ODS 作图等。

4. 队伍组成

除了题目的分析外，在比赛中队伍组成也是至关重要的。根据参赛经验可以给大家提出以下几点建议：首先，每位队员必须都要会用 SAS 写代码，但是负责论文的队员也是必不可少的，所以可以让这部分队员负责比较容易的题目。

5. 任务分配

第一题难度大，因为 GRAPH 需要自学，可以交给编程的队员来完成。而负责论文的队员，则可以负责第二题 SQL 的题目，如果提前做完，可以先撰写论文。

以具体参赛的某队分组情况为例：一位队员（研究生）负责第三、四题的前几问，需要注意的一点是，当涉及实际问题的时候，可能还需要根据得到的结果进行一些分析；一位队员负责第二题 SQL 语句；一位队员负责第一题的 GRAPH+宏。任务分配得很合理，中午之前就完成了大半，下午负责编程的队员和上午负责第三、四题的队员来看第三、四题的后几问，让负责编程的队员知道需要做什么，将论文内容尽量写出来。然后剩余的队员去写论文，最后再跑一下程序，确认没有问题。有可能出现做不完的情况，但是务必记得把所做的结果都附上。

（二）决赛

决赛时间共两天，一天一道题，比赛当天晚上需提交作品。根据经验，第一天会考一些过程步，logistic 之类的，较难。而第二天就是普通的 data 部程序，以及一些简单的过程步，所学课程都有涉及。当然也有一些较难的问题，如用 data 部实现 proc transpose 的功能等。

其实决赛中比较困难的事就是任务分配，主要有两个原因。

（1）因为只有一道题，而且一问与一问之间的联系比较紧密，所以很多时候都是前一问结果出不来，下一问就做不下去。

（2）因为涉及的东西好像大家都不懂，无法下手，所以没人愿意去写论文。

建议如下。

（1）有时候题目会和前几年的题目类似，所以准备时尽量去看看以前的题目，参考一下优秀答案等，做到心里有底，清楚自己比赛的时候应该做成什么样子。

（2）学会写宏，有些任务是可以通过宏来完成的，这样就可以不等上一问的结果，直接继续向下做，节省时间。

（3）有一些很有可能涉及的功能，如缺失值判定及处理，将用英文单词或缩写表示的月份转换为数字。这一类的内容，大家可以参考之前的题目，提前把这些代码用宏包装好，可节约不少时间。一天的题目可能做不完，但是做完的尽量要体现到报告上。

需要注意的是，最后提交前，一定要在一台没写过代码的计算机上再运行一遍以确定程序能够正常运行。

第八章 “泰迪杯”数据挖掘挑战赛

第一节 走进“泰迪杯”数据挖掘挑战赛

一、赛事简介

“泰迪杯”数据挖掘挑战赛（以下简称挑战赛）是由全国高校大数据教育创新联盟、泰迪杯数据挖掘挑战赛组织委员会主办，广东泰迪智能科技股份有限公司、人民邮电出版社承办，广东省工业与应用数学学会、深圳点宽网络科技有限公司、广州海数华据科技发展有限公司、北京泰迪云智信息技术研究院协办的面向全国大学生的群众性科技活动，目的在于以赛促学，激励学生学习数据挖掘的积极性，提高学生分析、解决实际问题的综合能力；以赛促教，推动数据挖掘技术在高校的推广和应用；以赛促研，为高校相关智力资源转化为推进国家大数据战略的生产力提供合作平台。

二、赛事特点

“泰迪杯”数据挖掘挑战赛是由泰迪杯数据挖掘挑战赛组织委员会主持，并且由广州泰迪智能科技股份有限公司提供包括竞赛网站、数据挖掘技术讨论群和竞赛用数据挖掘系统在内的技术支持，同时也接受各级教育管理部门和企业界资助的一项大学生知识技能竞技赛事。“泰迪杯”数据挖掘挑战赛是目前国内大学生最为关注的数学学科类赛事之一，所秉承的宗旨就是：创造意识，创新精神，公平竞赛，重在参与。挑战赛主要包括以下几个内容。

（一）挑战赛题目

挑战赛题目主要是来源于企业、管理机构和科研院所等的实际问题，要求参赛者具备初步的统计与数据挖掘的知识，并掌握相关软件的使用。题目有较大的灵活性供参赛者发挥其创造能力。参赛者应根据题目要求，提交一篇论文。挑战赛评审以数据预处理的完整性、对实际领域背景的理解程度、对挖掘模型构建的创造性、结果的正确性、模型评价的客观性、模型应用的可靠性和文字表述的清晰性为主要标准。

（二）挑战赛时间

挑战赛每年举办一次，一般从 3 月开始，时间跨度通常为两个月。

（三）评奖办法

由组委会聘请专家组成评阅委员会，评选特等奖并获泰迪杯、特等奖、网宿创新奖、一等奖、二等奖、三等奖，其余成功提交有效论文的参赛队均获得“泰迪杯”数据挖掘挑战赛成功参赛电子证书。

对违反挑战赛规则的参赛队，一经发现，取消参赛资格，成绩无效。

（四）大赛纪律规定

全国统一挑战赛题目，采取以小组为单位的竞赛方式，以相对集中的形式进行。

（1）大学生以小组为单位参赛，每组不超过 3 人（需属于同一所学校），专业不限。每组可设一名指导教师（或教师组），从事赛前辅导和参赛的组织工作，但在挑战期间必须回避参赛队员，不得进行指导或参与讨论，否则按违反纪律处理。

（2）挑战赛期间参赛队员可以使用各种图书资料和网络资源、计算机和软件，但不得与本队队员以外的任何人（包括在网上）讨论。

（3）挑战赛开始后，赛题将公布在指定的网址供参赛队下载，参赛队在规定时间内完成并提交论文。

（五）异议期制度

（1）获奖名单公布之日起的一个星期内，任何个人和单位都可以提出异议，由组委会负责受理。

（2）受理异议的重点是违反挑战赛章程的行为，包括挑战赛期间队员与他人讨论，不公正的评阅等。

（3）异议须以书面形式提出。个人提出的异议，须写明本人的真实姓名、学习工作单位、通信地址（包括联系电话或电子邮件等），并有本人的亲笔签名；单位提出的异议，须写明联系人的姓名、通信地址（包括联系电话或电子邮件等），并加盖公章。组委会对提出异议的个人或单位给予保密。

（4）组委会应在异议期结束后一个月内向申诉人答复处理结果。

第二节　参赛实施办法及方法途径

一、实施办法

（一）自身技能储备

1. 软件知识储备

（1）常用办公软件 Word、Excel、PPT 等。

（2）数据挖掘需要使用专业的软件平台来实现，如 MATLAB、SAS、SPSS 等。

2. 专业知识储备

（1）高等数学、线性代数、概率论与数理统计及数据挖掘中常用的算法等。

（2）基础的编程语言，如 C、C++、R、Ruby 或 Java 等。

（3）数据库相关的知识。

（二）队友选择

挑战赛主要针对本科生、大专生、研究生，而每个学生能力有所不同，所以通常以队为单位参赛，每队不超过 3 人（需属于同一所学校），专业不限。因此赛前队友的选择显得尤为重要，主要注意以下几点。

（1）因为题目大多属于开放性思维的，所以男女搭配最为适宜。

（2）挑战赛在程序编程、题目分析和写论文等多方面都有要求，故队员最好来自不同的专业，取长补短。

（3）队员选择时需考虑到队员之间的默契配合程度，避免比赛期间组内矛盾发生。

（三）指导老师

除了队员的选择需慎重外，指导教师的选择也是参与挑战赛的关键点，除了学校提供专业指导教师组外，自己选择指导教师时应注意以下几点。

（1）指导教师选择时应尽量选择熟悉的教师，如任课教师、班主任等，以便沟通交流。

（2）指导教师选择时应考虑到教师是否倾向这方面的研究，对数据挖掘的了解程度，以及是否具有相关的知识和能力等。

（3）除了以上两点之外，指导教师的责任意识和态度也是十分重要的，关系到能否在比赛期间给小组提供帮助和指导等。

二、方法途径

（一）赛前准备

挑战赛开始前，除了基本的知识和课程的复习外，还可寻找其他渠道为赛事做准备，主要可以有以下几种方式。

（1）《R 语言与数据挖掘》《Python 与数据挖掘》《MATLAB 数据分析与挖掘实战》《R 语言数据分析与挖掘实战》《Python 数据分析与挖掘实战》《Hadoop 与大数据挖掘》《Hadoop 大数据分析与挖掘实战》等图书或者 PPT 教程的简单学习。

（2）各种数据挖掘相关的培训课程，主要有两种途径：一是由学校自行组织的培训班，属于免费培训，具体需由实际情况而定；二是网络数据挖掘的相关培训班，属于自愿报名，自费报班，对能力的提升也是效果显著的。

（3）了解各种基本数据挖掘的算法和分析方法，能在竞赛时更有效地找到合适的解决方案。比如：分类和回归、关联规则、聚类分析、孤立点分析、演变分析及经典的分类算法（ID3、C4.5、CART、SPRINT、SLIQ）、关联规则、Apriori 算法、聚类 k-means、k-mediods、DBSCAN 等。

（二）网上报名

在浏览器中输入网址：www.tipdm.org，访问“泰迪杯”数据挖掘挑战赛。报名成功后，参赛者在网站下载赛题及数据，在指导老师指导下完成参赛作品，并在规定时间内提交作品，对于各题评分排名进入前 20 名的参赛队伍，将被通知进入视频答辩环节。单击挑战赛列表，选择对应的竞赛标题，在操作一栏选择提交作品。单击提交作品后，进入报名挑战赛资料填写页面，填写好相关资料后单击上传作品完成作品提交。评审结束后，参赛者可进入会员中心，查看评比结果。优胜奖获得者将被通知参加颁奖典礼。

（三）最终提交作品形式及资料

比赛的初赛作品主要以论文的形式提交，有以下几项基本要求：数据预处理的完整性、对相关领域背景问题的理解程度、对挖掘模型评价的客观性、模型应用的创新性、结果的正确性和文字表述的清晰程度。

提交格式要求：

（1）论文正文（pdf 格式），并压缩成“论文正文.zip”。

（2）论文正文（doc 格式）、源数据（组委会提供的源数据外）、过程数据、程序及模型文件，压缩成“附件资料.zip”。

特等奖作品后期需要进行多媒体（视频、PPT）的答辩。

第三节　参赛作品撰写指南

一、摘要

摘要就如同论文的门面一样，是整篇文章的缩影，其内容是否能反映整篇文章的精髓是读者首先关注的地方，是论文成功与否的关键所在。摘要以简短的方式述明整个研究的来龙去脉与结果，为什么做，如何做到，有何发现及所得结论，舍去一切其他繁杂的东西，让读者一目了然。摘要的撰写十分严格，字数上来说，中文摘要为 150～500 字，英文摘要为 100～300 字。而内容上需要注意以下几点。

（1）内容言简意赅，语意流畅，而且要求完整且易于理解，切忌用条列式写法。中英文摘要的内容须一致，且在末尾应注明中英文关键词。

（2）以最精练的语句表达整篇论文的中心思想，以最小的版面提供最充分的信息面。

（3）删除摘要中无意义的或不必要的字眼。但切忌矫枉过正，将应有字眼过分删除，造成病句和错句。

（4）不要将文中所有数据大量地列于摘要中，不要放置图或表在摘要中。

二、关键词

提取论文关键词，3～5 个为宜。

三、挖掘目标

简要描述本次数据挖掘建模要达到的目标。

四、分析方法与过程

（1）总体流程：用一个总体流程图描述建模方法及过程，并对各部分进行简要说明。

（2）具体步骤：结合总体流程图，对每一步骤做详细说明。

（3）结果分析：对数据挖掘建模过程中产生的图表结果进行解释分析，对所建立的模型的好坏、优缺点等进行分析。

（4）结论：结合研究目标和实现效果，对本次研究下一个结论性的总结，要求简单明了。

（5）参考文献：列举在本次研究中所参考的文献即可。

第三篇　数学实验的常用软件

数学软件即处理数学问题的应用软件，它为计算机解决现代科学技术各领域中所提出的数学问题提供求解手段。本篇重点介绍三款数学软件——MATLAB、Python 和 R 软件，对它们的功能、语法及基本使用方法进行介绍。

第九章　MATLAB 及其应用

第一节　MATLAB 软件初步

MATLAB 是矩阵实验室（matrix laboratory）的缩写，是由美国 Math Works 公司于1984年推出的一套数值计算软件。它将数值计算、可视化和编程功能集成在一个便于使用的环境中，可以实现数值分析、优化、数理统计、信号处理、图像处理等领域的计算和绘图功能，此外它还将各种算法及其处理以函数的形式分类成库，以便直接调用。MATLAB 具有计算功能强、编程效率高、易于扩充等特点，目前已成为国际上最优秀的高性能科学和工程计算软件之一。

本章主要介绍 MATLAB 的基本指令，更多内容请使用 MATLAB 的在线帮助系统或参考有关图书。

第二节　MATLAB　环　境

MATLAB（6.5.1 或以上版本）的主窗口是标准的 Windows 界面（图 9.1），易于上手。主窗口主要包括四个窗口[指令窗口（Command Window）、工作区窗口（Workspace）、当前目录（Current Directory）窗口、指令历史（Command History）窗口]及工具栏后边的显示和修改当前目录名的小窗口。指令窗口主要用于输入各种指令并显示运算结果，是最常用的窗口；工作区窗口用于显示当前内存中变量的信息（包括变量名、维数、取值等）；当前目录窗口用于显示当前目录下的文件信息；指令历史窗口用于显示已执行过的指令，可以备查。

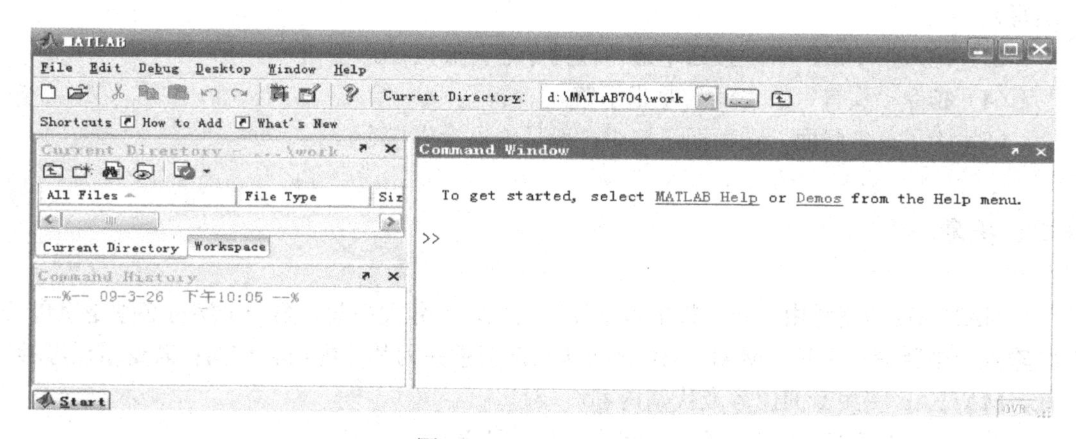

图 9.1　MATLAB 环境图

此外，在 MATLAB 中还会经常用到另外三个窗口：编辑 M 文件的编辑窗口，显示图形的图形窗口，以及显示帮助文件的帮助窗口。

一、指令窗口

MATLAB 的指令窗口是用户与 MATLAB 进行交互的主要场所。在此窗口可直接输入各种 MATLAB 指令，实现计算或绘图功能。

例 9.1　计算$\left[12+2\times(7-4)\right]\div 3^2$。

在指令窗口输入指令：

```
>>(12+2*(7-4))/3^2
```

按回车键则在指令窗口中显示：

```
ans=2
```

提示：

（1）在 MATLAB 中可直接进行算术运算，其表达式见表 9.1。

表 9.1　算术运算符的表达式

算术运算	数学表达式	MATLAB 表达式
加	$a+b$	a+b
减	$a-b$	a-b
乘	$a\times b$	a*b
除	$a\div b$	a/b 或 a\b
幂	a^b	a^b

（2）当不指定输出变量时，MATLAB 将计算结果赋给缺省变量 ans（“answer”的缩写）。

（3）键入指令后，必须按回车键，该指令才会被执行。

（4）指令“头首”的“>>”是指示符。

（5）为了节省版面，在后面示例中一般只给出操作指令。

二、变量

MATLAB 的变量由字母、数字和下划线组成，区分大小写，第一个字符必须是字母。当输入一个新变量名时，MATLAB 自动建立该变量并为其分配内存空间；若变量已经存在，MATLAB 将用新的内容取代其内容。

此外，MATLAB 还提供了几个常用的常量见表 9.2。

表 9.2　MATLAB 常用常量及其含义

常量	含义	常量	含义
Inf	正无穷大，特指 1/0	NaN	不定值，特指 0/0
pi	圆周率 π	eps	计算机的最小浮点正数
i 或 j	虚数单位，其平方为−1		

例 9.2　变量运算示例。

```
>>A=5; B=0;            %给变量 A 和 B 赋值
>>C=A/B, D=B/B         %进行算术运算并显示结果
```

提示：

（1）在 MATLAB 中，被 0 除是允许的，它不会导致程序执行的中断，但会给出警告信息，同时用一个特殊的名称（如 Inf 或 NaN）记述。

（2）在 MATLAB 中，无论是矩阵、数组、向量还是标量，都可直接赋值，不需描述其类型和维数。

（3）标点符号一定要在英文状态下输入。指令窗口中各种标点符号的作用见表 9.3。

表 9.3　指令行中标点符号的作用

名称	标点	作用
空格		输入量与输入量之间的分隔符；数组元素分隔符
逗号	,	显示计算结果的指令与其后指令之间的分隔；输入量与输入量之间的分隔符；数组元素分隔符
黑点	.	表示数值中的小数点
分号	;	不显示计算结果指令的“结尾”标志；数组的行间分隔符
注释号	%	由它“启首”后的所有物理行部分被看作非执行的注释符
单引号对	' '	字符串标记符
方括号	[ ]	输入数组时用；函数指令输出宗量列表时用
圆括号	()	在数组援引时用；函数指令输入宗量列表时用

（4）指令执行后，变量 *A* 被保存在 MATLAB 的工作空间中，以备后用。若用户不用，可用控制指令 clear 清除它或对它重新赋值。其他常用的控制指令见表 9.4。

表 9.4　常用的控制指令

指令	含义	指令	含义
clf	清除图形窗	clear	清除 MATLAB 工作空间中保存的变量
clc	清除指令窗中显示内容	↑↓	向前（后）调出已输入的指令

例 9.3　标点符号与控制指令使用示例。

```
>>B=[1.5, 2, 3; 4, 5, 6] %创建二维数组 B 并显示结果
```

```
>>C=sum(B)          %函数 sum 作用于数组 B
>>B(1,2)=6          %援引数组 B 中第 1 行第 2 列元素，并重新对其赋值
>>clear B           %在工作空间中清除变量 B
```

（5）MATLAB 显示数据结果时，一般遵循下列原则：若数据是整数，则显示整数；若数据是实数，在缺省情况下显示小数点后 4 位数字。此外，用户还可以利用指令 format 自定义输出格式，但它只影响结果的显示，不影响计算和存储。以 π 为例介绍此指令见表 9.5。

表 9.5　数据显示格式的控制指令

指令	显示	说明
format short	3.1416	小数点后 4 位（缺省显示）
format long	3.14159265358979	15 位数字
format rat	355/113	最接近的有理数

此外，指令 vpa(a, n)也可用来控制显示的位数，其中 a 为变量，n 为输出数值的位数。如在指令窗中输入：

```
>>vpa(pi,49)
```

运行可得 49 位数的 π 值为

```
ans=3.141592653589793238462643383279502884197169399375
```

三、帮助系统

MATLAB 提供了非常便利的在线帮助，若知道某个程序（或主题）的名字，可用下面指令得到帮助。

help 程序（主题）名

例如：

```
>>help sqrt
```

单独使用 help 指令，MATLAB 将列出所有的主题。MATLAB 还提供了一个指令 lookfor，可用来搜索包含某个关键词的帮助主题，此关键词不一定是 MATLAB 的指令或函数。

除上述方法外，还可用联机帮助、演示帮助或直接链接到 MathWorks 公司获得帮助。此外互联网的搜索引擎对使用 MATLAB 软件也能提供很好的帮助。

四、运行方式

MATLAB 提供了两种运行方式：指令运行方式和 M 文件运行方式。

指令运行方式通过直接在指令窗口中输入指令行实现计算或作图功能。当处理较复杂的问题时，此种方式应用较为困难。

M 文件运行方式是指在 M 文件窗口先建立一个 M 文件，将所有指令编写在此文件中，然后运行此 M 文件或者以 m 为扩展名存储此文件，再在指令窗口中输入文件名，按回车键运行即可。

MATLAB 的 M 文件有两种：M 脚本文件和 M 函数文件。前者是指令行的简单叠加，可直接运行，后者则需调用执行。两种 M 文件都以.m 为后缀，但两者之间存在着明显的不同，主要表现如下。

（1）M 函数文件的第一行必须有声明行：function<因变量>=<函数名>(<自变量>)，且该文件的文件名必须与函数名相同，而 M 脚本文件无此要求。

（2）M 函数文件中的所有变量除特别声明外，都是局部变量；而 M 脚本文件的所有变量都是全局变量。

（3）M 函数文件需调用执行，调用时需给出输入和输出参数，且输入和输出参数的个数不能超出声明行中所规定的个数；而 M 脚本文件没有输入和输出参数。

例 9.4 在 M 文件中编写指令依次求解 $x_1=\frac{5!}{5^5},x_2=\frac{10!}{10^{10}},x_3=\frac{15!}{15^{15}}$，并显示其 8 位有效数字的结果。

解 首先利用互联网可查得阶乘的求解函数为 factorial（n），其中 n 为所求阶乘的整数。于是在 M 文件窗口编写 M 脚本文件 example1.m，如图 9.2 所示。

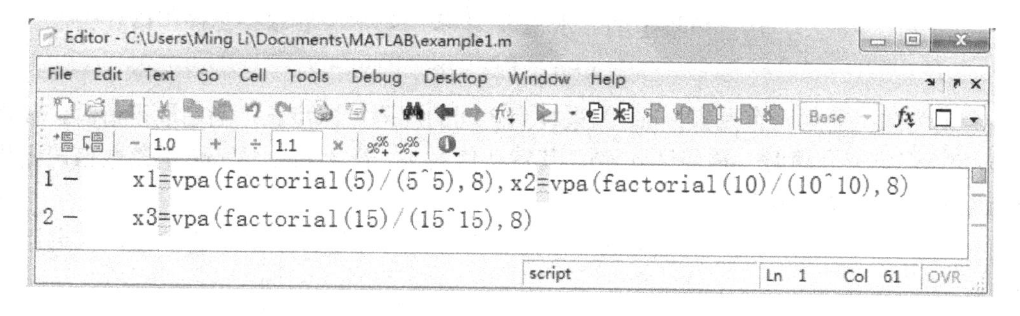

图 9.2 M 脚本文件的运行方式演示

在指令窗口中输入 example1，运行可得结果如下：

```
x1=0.0384;x2=0.00036288;x3=0.0000029862814.
```

例 9.5 建立一个 M 函数文件，计算给定自变量 x,y 某个值时的函数值 $z=xy$。

在 M 文件窗口创建并储存 M 函数文件 fun1.m，其内容如下：

```
function f=fun1(x,y)          %声明行
         f=x*y;               %给因变量赋值
```

当需要调用此函数时，在指令窗口中输入下面指令：

```
>>z=fun1(2,3)                 %调用函数
```

例 9.6 建立一个 M 函数文件，计算给定自变量某个值时多个函数的函数值。

在 M 文件窗口创建并储存 M 函数文件 fun2.m，其内容如下：

```
function[f1,f2,f3]=fun2(x)        %声明行
          f1=sin(x);
          f2=cos(x);
          f3=tan(x);
```

在指令窗口中输入一个数 x，利用上述函数输入下列指令即可得到三个函数的函数值。

```
>>x=pi;[y1,y2,y3]=fun2(x)        %调用函数
```

第三节　MATLAB 数组及其运算

数值数组（numeric array）和数组运算（array operations）是 MATLAB 的核心内容。自 MATLAB5.x 版起，数组便成为 MATLAB 最重要的一种内建数据类型，而数组运算就是定义在这种数据结构上的运算方法。

一、一维数组的创建

生成一维数组有多种方法，常用的有逐个元素生成法、冒号生成法和定数线性采样法。

（1）逐个元素生成法是最简单但又最常用的方法，其创建格式可参考下例：

```
>>x=[2  pi/2  sqrt(2)3+5i]
```

（2）冒号生成法，通过所设定的“步长”，生成一维等差数组，其通用格式为

```
x=a: inc: b
```

其中：a 为数组的第一个元素；inc 为采样点之间的间隔，即步长，当它取正值时，需保证 $a<b$，当它取负值时，需保证 $a>b$，其默认值为 1；若（$b-a$）是 inc 的整数倍，则生成数组的最后一个元素等于 b，否则小于 b。

（3）定数线性采样法。在设定的“总点数”下，均匀采样生成一维数组，其通用格式为

```
x=linspace(a,b,n)
```

其中：a 为生成数组的第一个元素；b 为最后一个元素；n 为采样总点数，均匀分隔。

例 9.7　创建一维数组示例。

```
>>a=1: 5                %生成从 1 到 5，公差为 1 的等差数组
>>b=0: pi/4: pi         %生成从 0 到 π，步长为 π/4 的数组
>>c=6: -3: -6           %生成从 6 到-6 公差为-3 的数组
>>d=linspace(0,1,9)     %生成从 0 到 1，共 9 个数的等差数组
```

二、一维数组的子数组寻访和赋值

在程序设计中，常常需要调用数组的某个（或某几个）元素或对这些元素重新赋值，这时就需要对这些子数组做寻访或赋值运算。常见的寻访和赋值指令可参考下例。

例 9.8　子数组的寻访与赋值示例。

```
>>x=rand(1,5)            %产生含有5个元素的均匀随机数组
>>x(3)                   %寻访数组x的第三个元素
>>x([1 2 5])             %寻访数组x的第一、二、五个元素组成的子数组
>>x(3: end)              %寻访第三个至最后(end)一个元素的全部元素
>>x(3: -1: 1)            %由前三个元素倒排列构成的子数组
>>x(find(x>0.5))         %由大于0.5的元素构成的子数组
>>x(3)=0                 %把数组x中的第三个元素重新赋值为0
>>x([1 4])=[1 1]         %把数组x的第一、四个元素都赋值为1
>>x=x(end: -1: 1)        %把数组x的元素按下标从大到小重新排列
>>y=[]                   %创建空数组
```

三、二维数组的创建

二维数组由实数或复数排列成矩形而形成，因此从数据结构上看，矩阵和二维数组是没有区别的。二维数组的创建也有多种方法，常用的有直接生成法、函数生成法和利用M文件生成法三种。

（1）直接生成法。对于较小数组，可用此方法生成。用此方法生成二维数组需满足三条规则：整个输入数组必须以方括号“[ ]”为其首尾；同一行的元素需用逗号或空格分开；不同行的元素需用分号或回车分开，如

```
>>A=[1,2,3;4,5,6]或
>>A=[1 2 3;4 5 6]或
>>A=[1 2 3 4 5 6]
```

（2）函数生成法。MATLAB提供了一些函数来生成特殊的数组，常用的函数见表9.6。

表 9.6　特殊数组的生成函数

指令	含义	指令	含义
Magic(n)	生成 n 阶幻方数组	rand	生成均匀分布随机数组
eye	生成单位数组（对高维不适应）	randn	生成正态分布随机数组
ones	生成全1数组	zeros	生成全0数组

（3）利用M文件生成法。将二维数组存储在M文件中，通过执行M文件创建数组。对于经常调用且元素较多的大数组，用此方法较为方便。

例 9.9　函数创建二维数组示例。

```
>>ones(1,2)              %产生长度为2的全1行数组
>>ones(2)                %产生(2×2)的全1阵
>>D=eye(3)               %产生(3×3)单位阵
```

四、二维数组的子数组寻访和赋值

二维数组的元素在内存中按列的形式存储为一维长列数组，所以它可以以二维形式寻访，也可以以一维形式寻访，其常用寻访和赋值指令见表 9.7。

表 9.7　子数组寻访和赋值常用指令

指令	含义
A(i,j)	寻访 A 的第 i 行第 j 列元素
A(i,:)	寻访 A 的第 i 行所有元素
A(: ,j)	寻访 A 的第 j 列所有元素
A(k)	“单下标”寻访，寻访 A 的“一维长列”数组的第 k 个元素
A(:)	“单下标全元素”寻访，寻访 A 的“一维长列”数组的所有元素
A(i,j)=a	将 a 赋值给 A 的第 i 行第 j 列元素
A(k)=a	将 a 赋值给 A 的“一维长列”数组的第 k 个元素

例 9.10　二维数组的子数组寻访和赋值示例。

```
>>A=zeros(3,4)        %创建三行四列的全零数组
>>A(: )=1: 12         %全元素赋值
>>s=[5 7 11]          %产生单下标数组
>>A(s)                %由"单下标行数组"寻访产生A的相应元素所组成的数组
>>Sa=[11 22 33]       %生成一个列数组
>>A(s)=Sa             %单下标方式赋值
>>A(1,2)              %寻访 A 的第一行第二列元素
```

五、高维数组的创建

在解决实际问题时有时需要定义高维数组，如定义甲、乙、丙、丁四个学生的身高、体重和性别。MATLAB 也可以定义高维数组，其中第一维称为“行”，第二维称为“列”，第三维一般称为“页”，其运算与低维类似。因为更高维数组的形象思维较困难，所以下面以三维为例简单介绍高维数组的定义。

例 9.11　高维数组的定义及运算示例。

```
>>A=[1 2; 3 4];                               %创建二维数组 A
>>B(: ,: ,1)=A; B(: ,: ,2)=A.^2;
B(: ,: ,3)=A.^3;                              %按页输入三维数组 B 的各个元素
>>C=ones(2,2,3);                              %定义全 1 的 2×2×3 三维数组 C
>>D=C./B                                      %三维数组按页进行除法数组运算
```

六、数组运算及其常用函数

数组运算是对数组定义的一种特殊运算规则，即无论对数组施加什么运算（加、减、乘、除或函数），总认定那种运算是对数组的每个元素平等地实施，即对于$(m\times n)$数组：

$$X=\begin{bmatrix} x_{11} & x_{12} & \cdots & x_{1n} \\ x_{21} & x_{22} & \cdots & x_{2n} \\ \vdots & \vdots & & \vdots \\ x_{m1} & x_{m2} & \cdots & x_{mn} \end{bmatrix}=\left[x_{ij}\right]_{m\times n}$$

有运算规则$f(X)=\left[f(x_{ij})\right]_{m\times n}$。

规定此运算规则的目的有两点：

（1）使程序指令更接近于数学公式；

（2）提高程序的向量化程度，提高计算效率。

MATLAB 提供了大量的标量函数执行数组运算，常用的见表 9.8。

表 9.8　数组运算的常用函数

函数名称	含义	函数名称	含义	函数名称	含义	函数名称	含义
exp	e 的指数	pow2	2 的指数	sqrt	正的平方根	log	自然对数
log10	常用对数	abs	模或绝对值	sin	正弦	cos	余弦
tan	正切	cot	余切	asin	反正弦	acos	反余弦
atan	反正切	sign	符号函数	mod	模除取余	rats	有理逼近
round	四舍五入取整	fix	朝零方向取整	floor	$-\infty$ 方向取整	ceil	$+\infty$ 方向取整

例 9.12　常用函数作用于数组示例。

```
>>x=[0;0;2;1]*pi;                              %创建数组 x
>>y=sin(x)                                     %将正弦函数作用于数组 x
>>a=[-3.5,4.6];                                %创建数组 a
>>b=round(a),c=floor(a),d=ceil(a),e=fix(a)     %将取整函数作用于数组 a
```

七、矩阵运算及其常用函数

矩阵运算是 MATLAB 最基本的功能。MATLAB 提供了大量的函数处理矩阵，从其作用来看可分为两类：构造矩阵的函数和进行矩阵计算的函数。前者见表 9.6；对于后者，常用的见表 9.9。

表 9.9　矩阵中常用的操作函数

操作函数	含义	操作函数	含义
det(A)	求方阵 *A* 的行列式	inv(A)	求矩阵 *A* 的逆
size(A)	求 *A* 的大小，返回 *A* 的行数和列数	cond(A)	求 *A* 的条件数
[V,D]=eig(A)	求矩阵 *A* 的特征向量和特征值所组成的矩阵	norm(A)	求矩阵 *A* 的 2–范数

例 9.13　创建一个 5 阶随机矩阵，计算其大小、行列式、逆、特征值和特征向量。

```
>>A=rand(5)                                   %创建 5 阶随机数组 A
>>size(A),det(A),inv(A),[V,q]=eig(A)    %实施题目要求的各项运算
```

八、数组运算和矩阵运算的区别

从外观形状和数据结构上看，二维数组和矩阵没有区别。但是矩阵作为一种变换或映射算子的体现，其运算有明确而严密的数学规则；而数组运算只是 MATLAB 为了计算方便而定义的一种规则，两者显然不同。为了清晰地区别它们，将一些容易混淆的指令列表进行比较，见表 9.10。

表 9.10　数组和矩阵的运算指令比较

数组运算		矩阵运算	
指令	含义	指令	含义
A(:)=s	把标量 *s* 赋给 *A* 的每个元素	—	—
s+B	标量 *s* 分别与 *B* 的元素之和	—	—
s-B,B-s	标量 *s* 分别与 *B* 的元素之差	—	—
s./B,B.\s	*s* 分别被 *B* 的元素除	s*inv(B)	***B*** 阵的逆乘 *s*
A.^n	*A* 的每个元素自乘 *n* 次	A^n	***A*** 阵为方阵时，自乘 *n* 次
A.*B	对应元素相乘	A*B	矩阵乘积
A./B	*A* 的元素除以 *B* 的对应元素	A/B,A\B	***A*** 右除 ***B***，***A*** 左除 ***B***

注：若 ***A*** 是可逆矩阵，则 ***AX=B*** 的解是 ***X=A\B***，***XA=B*** 的解是 ***X=B/A***。

例 9.14　数组运算与矩阵运算的比较示例。

```
>>A=[1 2 3;4 5 6;7 8 9];
 B=[0 1 2;1 2 3;2 3 4];            %创建数组 A 和 B
>>C1=A.*B                          %数组 A 和 B 进行数组乘法运算
>>C2=A*B                           %矩阵 A 和 B 进行矩阵乘法运算
>>D1=A./B                          %数组 A 和 B 进行数组除法运算
>>D2=A/B                           %矩阵 A 和 B 进行矩阵除法运算
```

九、向量运算及其操作函数

向量是一种特殊的矩阵，基于其重要性，MATLAB 提供了很多操作函数，常用的见表 9.11。表 9.11 中的部分函数同样可作用于二维数组，但其作用按列分别进行。

表 9.11　向量的操作函数

操作函数	含义
length(v)	返回 max（size（**v**））
diag(v)	以向量 **v** 作对角元素创建对角矩阵
max(v)(或 min(v))	求向量的最大（或最小）元素
sum(v)(或 mean(v))	求向量元素的和（或平均值）
cumsum(v)(或 cumprod(v))	返回一个包含向量 **v** 的元素的累加和（或积）的新向量
prod(v)	返回向量 **v** 的所有元素的积
sort(v)	对向量中的元素按升序排列
dot(a, b)(或 cross(a, b))	求向量 **a** 和向量 **b** 的数量积（或向量积）
median(a)	求向量 **a** 的中位数
std(a)(或 var(a))	求向量 **a** 的标准差（或方差）

例 9.15　向量运算示例。

```
>>a=[-4.5 9 8 -2.6 3.3
    9.6 5.4 7.2];                  %创建向量 a
>>m=min(a)                         %返回向量 a 的最小值
>>[M,iM]=max(a)                    %返回向量 a 最大值及其下标
>>[ra,ir]=sort(a)                  %按升序排列数组元素值并返回相应的下标
>>cuma=cumsum(a)                   %返回向量 a 的元素的累加和向量
>>b=[1,2;3,4]; c=mean(b)           %计算二维数组 b 各列元素的平均值
```

十、集合及其运算

集合是指具有某种共同性质的元素的全体，这些元素之间是互异的、无序的。在 MATLAB 中，一维数组可直接执行集合的相关运算，而二维数组有时需先转化为集合或者以一维数组的形式才能执行某些集合运算。对于集合，MATLAB 也提供了一些函数，常见的见表 9.12。

表 9.12　集合的运算函数

运算函数	含义
unique(A)	返回集合 A 作为一个集合的所有元素（去掉相同元素）
intersect(A,B)	返回集合 A 和 B 的交集

续表

运算函数	含义
ismember(A,B)	判断集合 A 中的元素是否属于集合 B，如果属于相应结果为 1，否则为 0
setdiff(A,B)	返回集合 A 和 B 的差集
setxor(A,B)	返回集合 A 和 B 的异或（不在交集中的元素）
union(A,B)	返回集合 A 和 B 的并集

例 9.16　集合运算示例。

```
>>A=[1 3]; B=[1 5 7]; C=[1 3;3 8];    %创建三个集合
>>D=intersect(A,B)                     %返回 A 和 B 的交集
>>E1=ismember(A,B)                     %判断 A 中的元素是否属于 B
>>E2=ismember(3,C)                     %判断 3 是否属于 C
>>F=unique(C)                          %将二维数组 C 转化为集合 F
```

第四节　MATLAB 的绘图功能

处理实际问题时，借助图形可从杂乱的离散数据中观察数据间的内在关系，从而找出数据所隐藏的内在规律。MATLAB 具有强大的绘图功能，可用来绘制复杂数据的图形。

MATLAB 可利用符号和数值两种方法绘图，前者主要绘制函数的图形，而后者可用来绘制各类数据的图形，应用领域远较前者广泛。

一、符号方法绘图

MATLAB 提供了一个符号运算工具箱（symbolic math toolbox）。含有字符的数组和函数可利用此工具箱进行各种运算。

符号运算工具箱处理的主要对象是符号和符号表达式。在进行符号运算前应先定义符号变量，所用的指令一般为 syms，其用法如下。

```
syms var1 var2                %将 var1 var2 定义为符号变量
```

此外，还可用单引号来设定字符串，如

```
>>s='good morning! '
```

例 9.17　符号变量定义示例。

```
>>syms x y z                  %定义符号变量 x，y 和 z
>>f=x^2+2*x*y+2*y^2+3*z^2     %定义符号函数 f
```

MATLAB 的符号运算工具箱提供了近 10 个符号绘图函数。这些函数不需要做数据准备，直接就可以画出字符串函数或符号函数的图形。常用的指令及其使用格式分别见表 9.13。

表 9.13　符号方法绘图指令及其含义

绘图指令	含义
ezplot(f,[a,b])	在区间[a,b]上绘制函数 $y=f(x)$ 的图形
ezplot(x,y,[tmin,tmax])	绘制由参数方程 $x=x(t)$，$y=y(t)$，$t_{min}\leqslant t\leqslant t_{max}$ 确定的函数图形
ezsurf(f,D,ngrid)	在指定矩形域 D 上，用指定格点数绘制二元函数 f 的曲面。矩形域 D 取二元数组 $[a,b]$ 时，自变量的取值范围是 $a\leqslant x\leqslant b$，$a\leqslant y\leqslant b$；D 取四元数组 $[a,b,c,d]$ 时，自变量范围是 $a\leqslant x\leqslant b$，$c\leqslant y\leqslant d$；ngrid 指定了绘图的网格点数，格点越多，曲面越细腻
ezsurf(x,y,z,D,ngrid)	在指定矩形域 D 上，用二元参量方式绘制曲面
ezsurf(f,D,'circ')	在圆域 D 上，绘制二元函数 f 的曲面
ezpolar('r',[a b])	在 $[a,b]$ 中绘制极坐标函数 $r=r(t)$ 的图形

例 9.18　绘制函数 $y=\sin x^{\tan x}, x\in[0,2\pi]$ 的图形。

```
>>ezplot('sin(x)^(tan(x))',[0,2*pi])    %绘制显函数的图形
```

MATLAB 执行指令，得到图 9.3。

例 9.19　绘制笛卡儿叶形线 $x^3+y^3-9xy=0$ 的图形。

```
>>ezplot('x^3+y^3-9*x*y')         %绘制笛卡儿叶形线图形
```

MATLAB 执行指令，得到图 9.4。

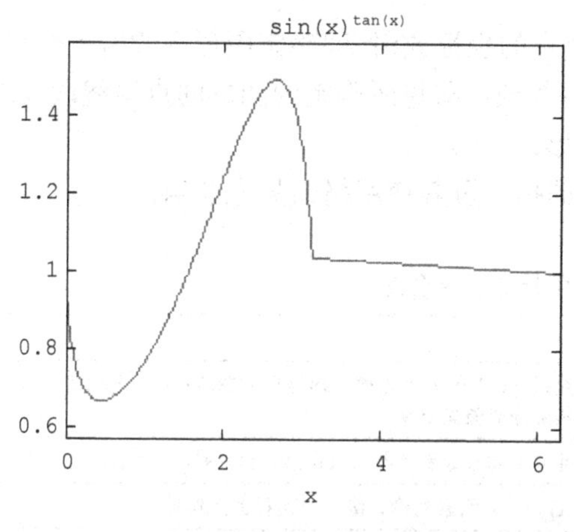

图 9.3　显函数的图形

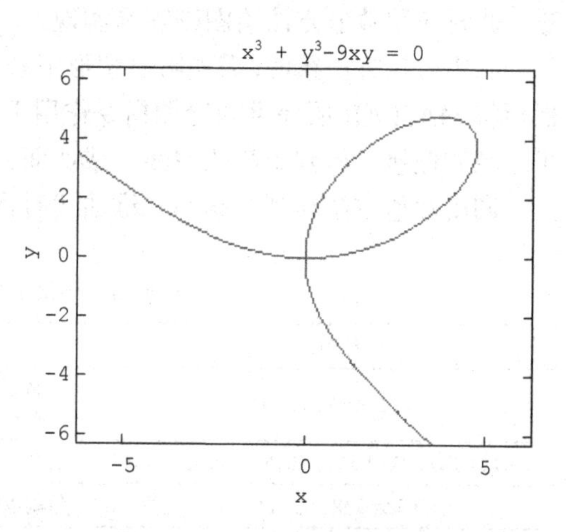

图 9.4　笛卡儿叶形线的图形

例 9.20　在 $[0,2\pi]$ 上绘制星形线：$x=\cos^3 t, y=\sin^3 t$。

```
>>ezplot('cos(t)^3','sin(t)^3',[0,2*pi])          %绘制星形线
```

MATLAB 执行指令，得到图 9.5。

例 9.21　在圆域上绘制 $z=xy$ 的图形。

```
>>ezsurf('x*y','circ'); shadingflat;
            view(-18,28])                  %绘制曲面图形
```

MATLAB 执行指令，得到图 9.6。

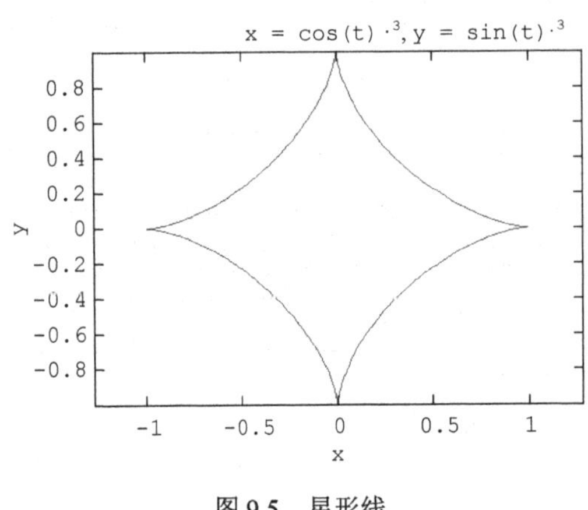

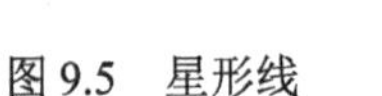
图 9.5　星形线

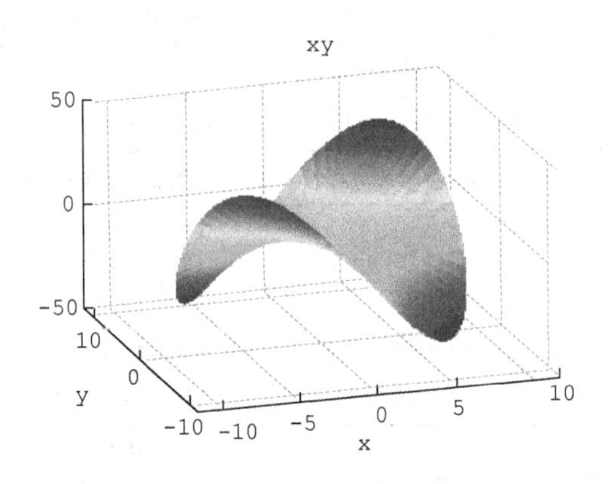

图 9.6　曲面图形

二、数值方法绘图

在 MATLAB 中，利用符号方法可以较为简单地绘制图形，但绘制图形时需要给定函数的解析式，而实践中的函数关系大都以离散数据的形式给出，应用符号方法绘图较为困难。此时应用数值方法绘图则容易实现。

利用数值方法绘图，需先给出图形中若干个点的坐标数组，即确定图形中的若干个点；然后将 MATLAB 所提供的绘图指令作用于这些数组，即将所确定的图形的点用线段（或平面域）连接，得到函数的曲线（或曲面）图形。

利用数值方法绘制二维和三维曲线时常用的指令及其使用格式见表 9.14。

表 9.14　数值方法绘图指令及其含义

绘图指令	含义
plot(X,Y,'s')	绘制分别以数组 X、Y 的元素为横、纵坐标的曲线；s 为选项字符串，可缺省，其部分取值见表 9.15
plot(X1,Y1,'s1',X2,Y2,'s2',...)	在同一个坐标系中同时绘制多条二维曲线，s1，s2，…为选项字符串
plot3(X,Y,Z,'s')	绘制以数组 X，Y，Z 元素为横、纵、竖坐标的三维曲线
plot3(X1,Y1,Z1,'s',X2,Y2,Z2,'s',...)	在同一个坐标系中同时绘制多条三维曲线

表 9.15　曲线的线型、色彩和数据点型设置

线型		色彩		数据点型	
符号	含义	符号	含义	符号	含义
-	实线	B	蓝	.	实心黑点
:	虚线	r	红	*	八线符
-.	点划线	y	黄	x	叉字符
--	双划线	k	黑	S	方块符

例 9.22　已知美国 1790～1990 年近两百年的人口统计数据见表 9.16，试绘制其人口统计数量与时间的对应关系图形。

表 9.16　美国人口统计数据表　　（单位：百万）

年份	人口数	年份	人口数	年份	人口数
1790	3.929	1860	31.443	1930	122.755
1800	5.308	1870	38.558	1940	131.669
1810	7.240	1880	50.156	1950	150.697
1820	9.638	1890	62.948	1960	179.323
1830	12.866	1900	75.995	1970	203.212
1840	17.069	1910	91.972	1980	226.505
1850	23.192	1920	105.711	1990	248.710

```
    >>t=1790: 10: 1990;                          %生成时间数组
>>x=[3.929,5.308,7.240,9.638,12.866,17.069,23.192,31.443,
    38.558,50.156,62.948,75.995, 91.972,105.711,
122.755,131.669,150.697,179.323,203.212,226.505,248.710]*10^6
    ;
>>plot(t,x,'r.',t,x,'b')                         %绘制函数曲线和散点图
```

执行指令，得到图 9.7。

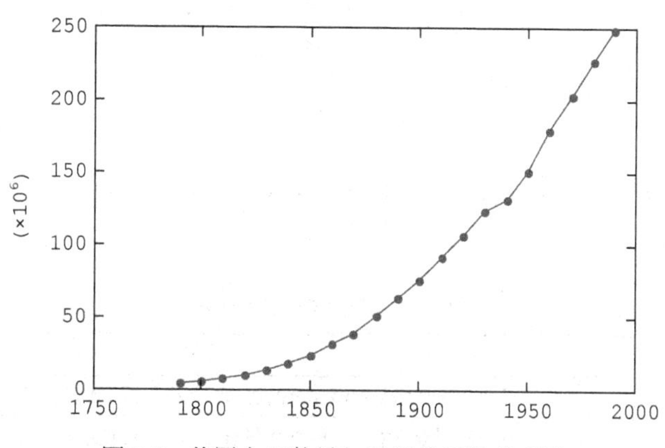

图 9.7　美国人口数量与时间的函数关系图

使用数值方法绘制具有解析表达式的函数图形，需要根据自变量的定义域先将其离散化，再利用解析式求得相应的函数值数组，然后才能使用 plot 指令绘制图形。

例 9.23　数值方法绘制函数曲线示例。

```
>>x=linspace(0,2*pi,30);
  y=sin(x);plot(x,y)              %生成[0, 2π]上 30 个点连成的正弦曲线
```

执行指令，得到图 9.8。

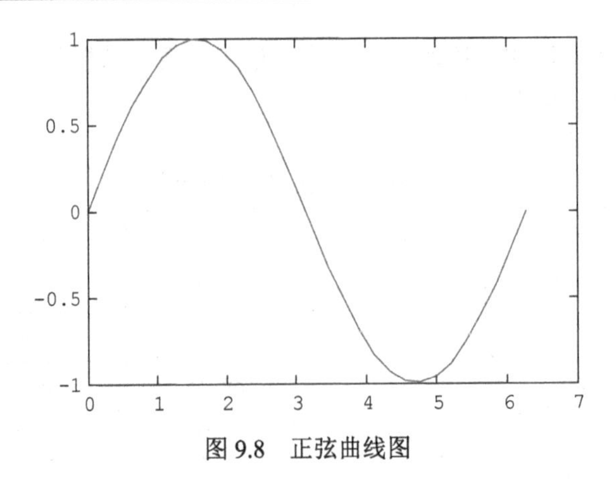

图 9.8　正弦曲线图

例 9.24　数值方法绘制三维曲线示例。

```
>>t=0: pi/50: 10*pi;                    %参数离散化
>>plot3(sin(t),cos(t),t)                %绘制螺旋线
```

执行指令，得到图 9.9。

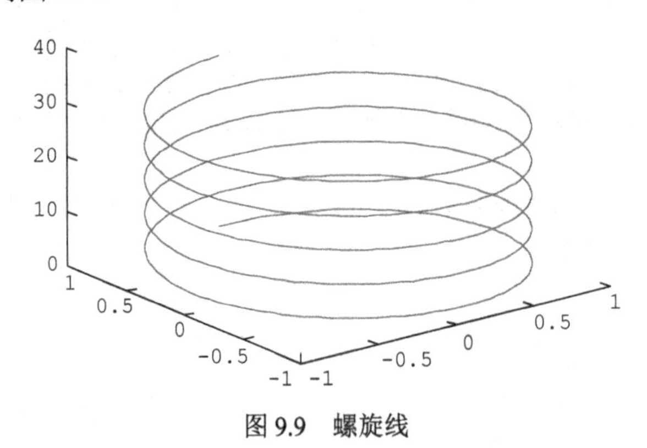

图 9.9　螺旋线

除了上述几个常用指令绘制曲线图形外，MATLAB 还提供了几个绘制有特殊要求图形的指令，见表 9.17。

表 9.17　其他常用绘图指令

绘图指令	含义
hold on(hold off)	在已建立的坐标系中添加新的图形，指令 hold off 将结束这个过程
figure(n)	在不同的图形窗中连续地绘制图形，当前图形被绘制在第 n 个图形窗中
subplot(m,n,p)	在同一个图形窗中创建 $m\times n$ 个坐标系，p 为当前坐标系的序号

例 9.25　在同一个坐标系中不同时绘制两条曲线：正弦曲线和余弦曲线示例。

```
>>x=linspace(0,2*pi,30);        %绘制正弦曲线
  y=sin(x); plot(x,y)
>>hold on,z=cos(x);             %增加余弦曲线，并终止继续在此坐标系中绘图
  plot(x,z),hold off
```

执行指令，得到图9.10。

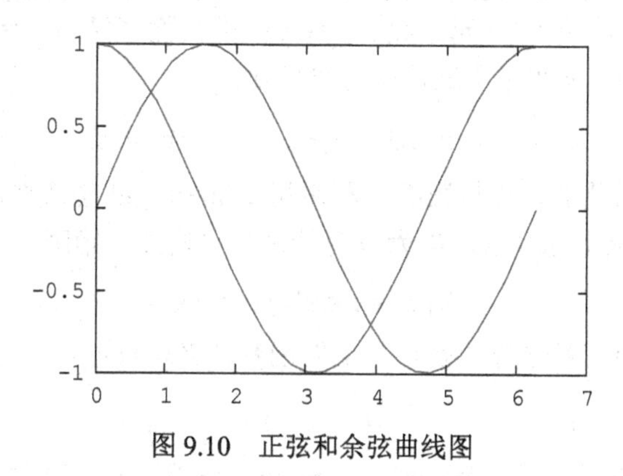

图9.10　正弦和余弦曲线图

例 9.26　采用不同个数的数据点绘制连续调制波形 $y=\sin t\sin 9t(t\in[0,\pi])$ 的图形并加以比较。

```
>>t1=(0: 11)/11*pi; y1=sin(t1).*sin(9*t1); %离散得较少的数据
>>t2=(0: 100)/100*pi;
y2=sin(t2).*sin(9*t2);                     %离散得较多的数据
>>subplot(2,2,1),plot(t1,y1,'r.')          %绘制较少数据的波形散点图
>>subplot(2,2,2),plot(t2,y2,'r.')          %绘制较多数据的波形散点图
>>subplot(2,2,3),plot(t1,y1,t1,y1,'r*')    %绘制较少数据的波形散点、曲线图
>>subplot(2,2,4),plot(t2,y2,t2,y2,'r*')    %绘制较多数据的波形散点、曲线图
```

执行指令，得到图9.11。

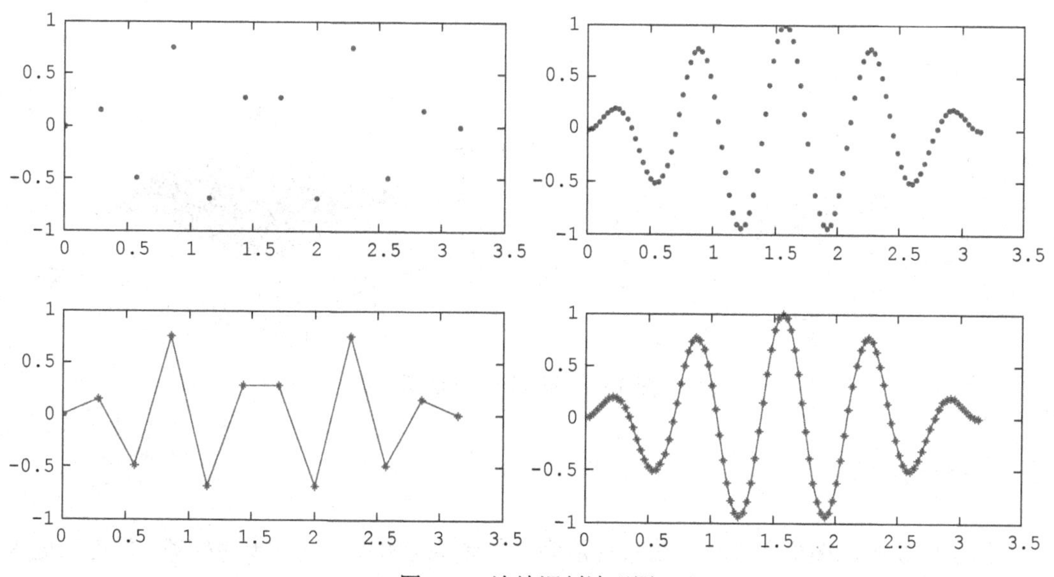

图9.11　连续调制波形图

MATLAB 软件绘制三维曲面较为复杂，需要在绘制之前对数据进行处理，以得到三维曲面上点的坐标数组。绘制二元函数 $z=f(x,y)$ 的曲面（网线）图形，步骤如下。

步骤 1：将自变量 x,y 在定义域范围内离散化。

$$x=x_1:dx:x_2;\quad y=y_1:dy:y_2$$

步骤 2：基于离散化的自变量数据，利用指令 meshgrid 生成曲面上的点在 *XOY* 面上的投影点的横坐标和纵坐标数组，称为自变量采样“格点”矩阵。

```
[X,Y]=meshgrid(x,y)
```

步骤 3：计算在自变量采样“格点”上的函数值 $Z=f(x,y)$，将纵坐标离散化：

$$Z=f(x,y)$$

步骤 4：将三维曲面绘图指令 surf（或 mesh）作用于三个离散化数组 *X*、*Y* 和 *Z*，绘制曲面图（或网线图）。两种指令的使用格式如下：

```
>>mesh(X,Y,Z,C)          %绘制由 C 指定用色的网线图，其中 C 可省略
>>surf(X,Y,Z,C)          %绘制由 C 指定用色的曲面图
```

例 9.27　绘制曲面 $z=\dfrac{\sin\sqrt{x^2+y^2}}{\sqrt{x^2+y^2}}$，$-7.5\leqslant x\leqslant 7.5,-7.5\leqslant y\leqslant 7.5$ 的网线图和曲面图。

```
>>x=-7.5: 0.5: 7.5; y=x;
  [X,Y]=meshgrid(x,y);          %生成"格点"矩阵
>>R=sqrt(X.^2+Y.^2)+eps;        %加 eps 防止出现 0/0
>>Z=sin(R)./R;                  %生成竖坐标数组
>>mesh(X,Y,Z),surf(X,Y,Z)       %绘制网线图和曲面图
```

执行指令，得到图 9.12。

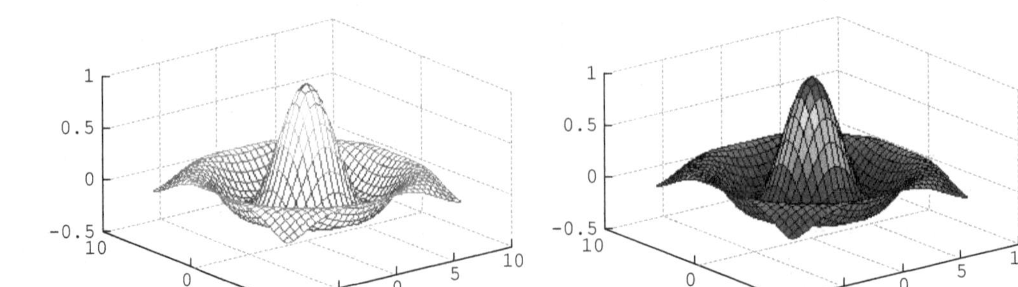

图 9.12　网线图和曲面图

三、图形的处理

为了使绘制的图形所表达的信息更清晰，常常要对图形做进一步的处理，常用的处理方法为图形标识和坐标系控制。

图形标识主要包括添加图名、坐标轴名和图形注释等。坐标系控制是指通过控制各坐标的取值范围，实现所表达图形的显示。其 MATLAB 指令及使用格式见表 9.18。

表 9.18　常用的图形处理指令

指令	含义
title('S')	标注图名 S，S 为一字符串，下同
xlabel('S')(ylabel('S'))	标注横（纵）坐标轴名 S
text(x,y,'S')	在坐标（x，y）处标注字符注释 S
legend('S1','S2',…)	将字符串 $S1$，$S2$ 标注到图中，各字符串对应的图标与图形的图标对应
axis([xmin,xmax,ymin,ymax])	限定 x 轴和 y 轴的取值范围
axis equal	限定 x 轴和 y 轴的单位长度相同

例 9.28　在区间 $[0,3\pi]$ 上绘制曲线 $x=e^{-\frac{t}{3}}\sin(2t+3)$ 及其上半部分包络线 $y=e^{-\frac{t}{3}}$ 的图形。

```
>>t=linspace(0,3*pi,50) ;
x=exp(-t/3).*sin(2*t+3) ;y=exp(-t/3) ;                %函数离散化
>>plot(t,x,'b-.*',t,y,'r'),grid on                   %绘制曲线并加网格
>>xlabel('Independent Variable t');                  %添加横坐标轴名
>>ylabel('Dependent Variables x and y')              %添加纵坐标轴名
>>text(5,-0.4,'exp(-t/3)sin(2t+3)')                  %添加字符串
>>legend('x=exp(-t/3)sin(2t+3)','y=exp(-t/3)')       %标注函数名
```

执行指令，得到图 9.13。

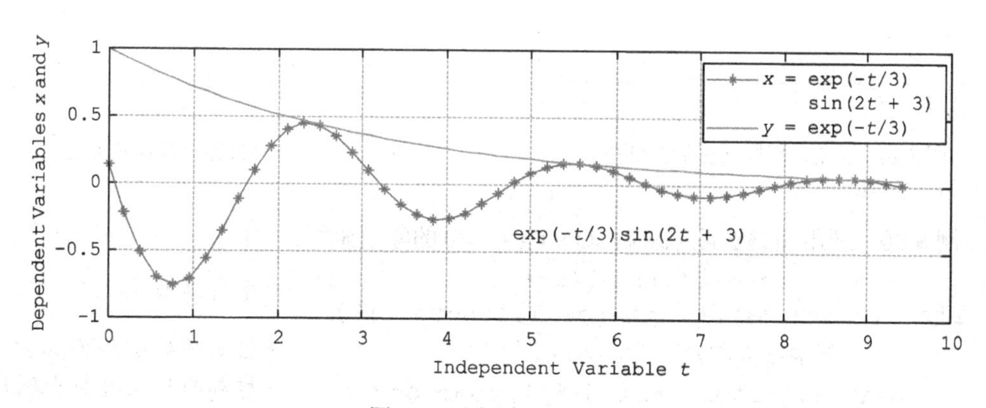

图 9.13　图形标识演示图

除了上述处理指令，MATLAB 还提供了几个交互式指令对图形进行交互式处理，这些指令及其使用格式见表 9.19。

表 9.19　常用的交互式指令

指令	含义
gtext('S')	用鼠标把字符串 S 放置到图形任意指定的位置上
[x,y]=ginput(n)	用鼠标从二维图形上获取 n 个点的坐标 (x, y)
zoom on(zoom off)	用鼠标放大图形，zoom off 结束此过程

例 9.29　绘制正割曲线 $y=\sec x, x\in[-2\pi,2\pi]$ 的图形。

```
>>x=-2*pi: pi/100: 2*pi;             %将函数离散化
       y=sec(x);
>>plot(x,y)                          %用虚线显示正割曲线的图形
>>gtext('y=secx')                    %互动式添加函数名称至图形中
>>axis([-2*pi 2*pi-10 10])           %将纵坐标控制在[-10,10]上显示图形
```

执行指令，得到图 9.14 和图 9.15。

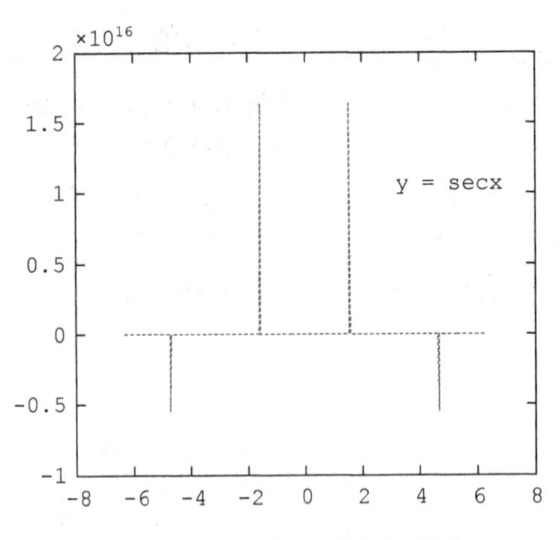

图 9.14　正割曲线图（坐标控制前）

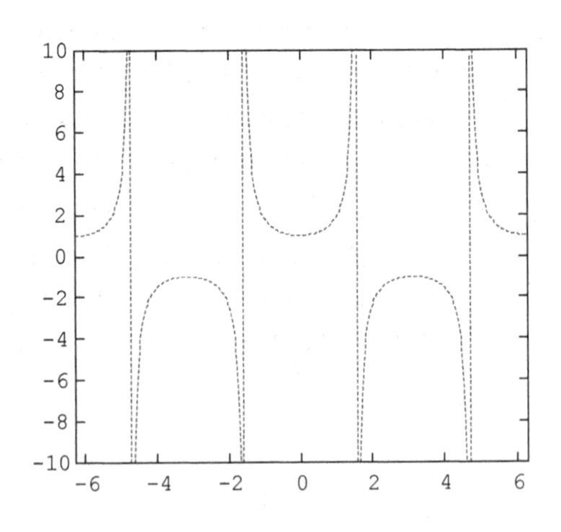

图 9.15　正割曲线图（坐标控制后）

例 9.30　利用图解法近似求解 $\sin x+x+1=0$ 的零点坐标。

```
>>x=-2*pi: pi/15:                    %函数离散化
2*pi;y=sin(x)+x+1;z=zeros(1,length(x));
>>plot(x,y,'b',x,z,'r')              %绘制函数图形和 x 轴
>>axis([-2*pi 2*pi-6 6]),zoom on     %控制坐标系并放大图形
>>[x,y]=ginput(1),zoom off           %互动提取满足要求的点
                                       的坐标
```

执行指令，得到图 9.16。

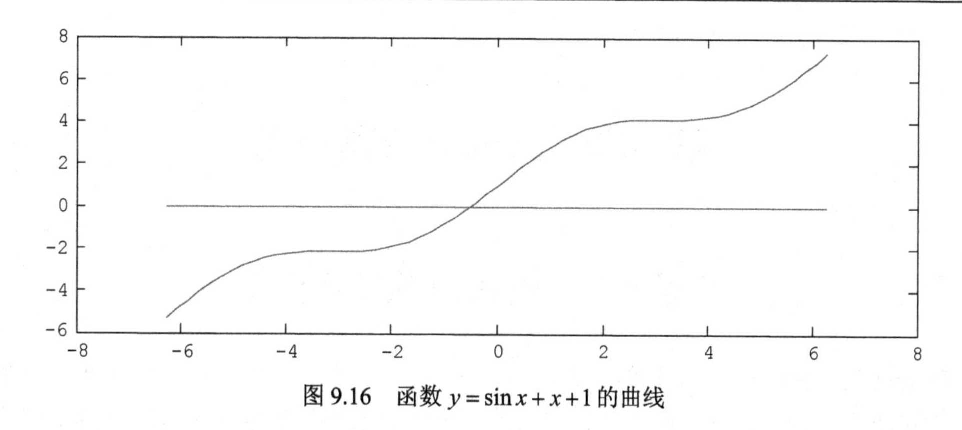

图 9.16　函数 $y=\sin x+x+1$ 的曲线

如图 9.16 所示，曲线与 x 轴的交点即零点的近似坐标 $x=-0.512\,4, y=-1.404\,6\text{e}^{-6}$ 。

第十章　Python 及其应用

第一节　Python 软件初步

Python 是一种跨平台的计算机程序设计语言，是一个高层次的结合解释性、编译性、互动性和面向对象的脚本语言。最初被设计用于编写自动化脚本（shell），随着版本的不断更新和语言新功能的添加，越来越多地被用于独立的、大型项目的开发。由于 Python 语言的简洁性、易读性及可扩展性，用 Python 做科学计算的国外研究机构日益增多，一些知名大学已经采用 Python 来教授程序设计课程。Python 专用的科学计算扩展库十分多，如以下三个十分经典的科学计算扩展库：NumPy、SciPy 和 Matplotlib，它们分别为 Python 提供了快速数组处理、数值运算及绘图功能。因此，Python 语言及其众多的扩展库所构成的开发环境十分适合工程技术人员、科研人员处理实验数据、制作图表，甚至开发科学计算应用程序。

本章主要介绍 Python 的基本指令，更多内容请使用 Python 的在线帮助系统或参考有关图书。

第二节　Python　环　境

Python 的主窗口是标准的 Windows 界面（图 10.1），主窗口为指令窗口，主要用于输入各种指令并显示运算结果。Python 的一个最大的特点就是其非常简洁。在主窗口中即可完成所有操作。

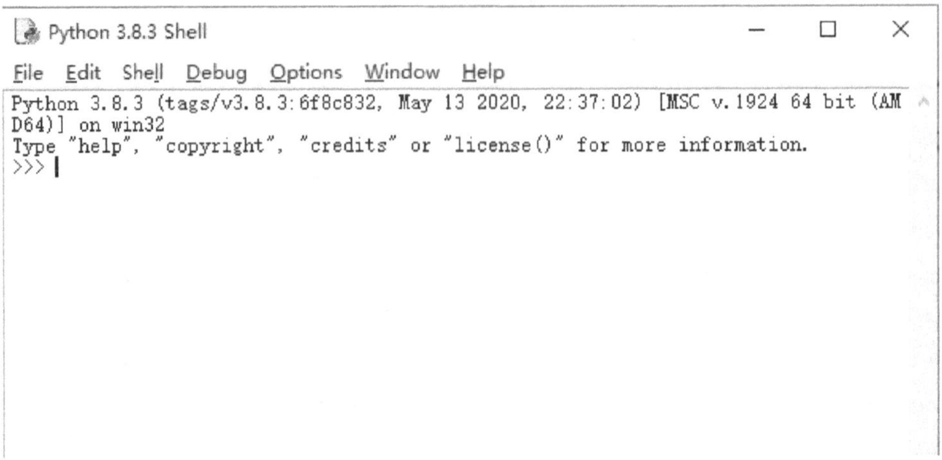

```
Python 3.8.3 Shell
File  Edit  Shell  Debug  Options  Window  Help
Python 3.8.3 (tags/v3.8.3:6f8c832, May 13 2020, 22:37:02) [MSC v.1924 64 bit (AM
D64)] on win32
Type "help", "copyright", "credits" or "license()" for more information.
>>>
```

图 10.1　Python 的主窗口

一、指令窗口

Python 的指令窗口是用户与 Python 进行交互的主要场所。在此窗口可直接输入各种 Python 指令，实现计算或绘图功能。

例 10.1 计算$\left[12+2\times(7-4)\right]\div3^2$。

在指令窗口输入指令：

```
>>>(12+2*(7-4))/3**2
```

按回车键则在指令窗口中显示：

```
2.0
```

提示：

（1）在 Python 中可直接进行算术运算，其表达式见表 10.1。

表 10.1 算术运算符的表达式

算术运算	数学表达式	Python 表达式
加	$a+b$	a+b
减	$a-b$	a-b
乘	$a\times b$	a*b
除	$a\div b$	a/b
幂	a^b	a**b

（2）当不指定输出变量时，Python 将计算结果直接得出，不会存储下来。

（3）键入指令后，必须按回车键，该指令才会被执行。

（4）指令“头首”的“>>>”是指示符。

（5）为了节省版面，在后面示例中一般只给出操作指令。

二、变量

Python 的变量由字母、数字和下划线组成，区分大小写，不能以数字开头。下划线开头的标识符是有特殊意义的。以单下划线开头的代表不能直接访问的类属性，需通过类提供的接口进行访问，不能用 from xxx import*导入。当输入一个新变量名时，必须为其赋值。在赋值后，Python 自动建立该变量并为其分配内存空间；若变量已经存在，Python 将用新的内容取代其内容。

例 10.2 变量运算示例。

```
>>>A=5;B=1          #给变量 A 和 B 赋值
>>>C=A/B;D=B/B      #进行算术运算并显示结果
```

提示：

（1）在 Python 中，被 0 除是不被允许的，它会导致程序执行的中断。

（2）在 Python 中，无论是矩阵、数组、向量，还是标量，都可直接赋值，不需描述其类型和维数。

（3）标点符号一定要在英文状态下输入。指令窗口中各种标点符号的用途见表 10.2。

表 10.2　指令行中标点符号的作用

名称	标点	作用
逗号	,	显示计算结果的指令与其后指令之间的分隔；输入量与输入量之间的分隔符；数组元素分隔符
黑点	.	数值表示中的小数点
分号	;	把多个简单语句（比如赋值语句，print，函数调用）隔开，与 C 语言不同，Python 不是一定要分号作为结束符，可以省略
注释号	#	由它“启首”后的一行被看作非执行的注释符
单引号对	' '	字符串标记符
方括号	[ ]	通过索引获取字符串中字符建立列表
圆括号	()	通过索引获取字符串中字符建立元组

（4）执行指令后，变量 *A* 被保存在 Python 的工作空间中，以备后用。若用户不用，可用函数（Dictionary）clear（ ）清除它或对它重新赋值。清屏则需使用 os.system（'cls'）指令。

例 10.3　标点符号与控制指令使用示例。

```
>>>B=[2,3; 4,5]          #创建二维数组 B
>>>C=sum(B)              #函数 sum 作用于数组 B
>>>B.clear()             #在工作空间中清除变量 B
```

（5）Python 显示数据结果时，一般遵循下列原则：若数据是整数，则显示整数；若数据是实数，在缺省情况下显示 17 位有效数字。Python 在不同类型的数据混合运算时会将整数转换为浮点数，此外，用户还可以利用指令自定义输出格式，但它只影响结果的显示，不影响计算和存储，详见表 10.3。

表 10.3　数据显示格式的控制指令

指令	含义	指令	含义
%d	格式化整数	%u	格式化无符号整型
%f	格式化浮点数字	%e	用科学计数法格式化浮点数

此外，在输出时可指定数值显示的位数，如在指令窗中输入

```
>>>a=1.23456
>>>b=float('%.4f'%a)
>>>b=1.2346
```

三、帮助系统

Python 提供了非常便利的在线帮助，若知道某个程序（或主题）的名字，可用下面的指令得到帮助：

help（类、函数、变量、模块等）

例如：

```
>>>help(print)
```

除上述方法外，还可用联机帮助、演示帮助。此外互联网的搜索引擎对使用 Python 软件也能提供很好的帮助。

四、运行方式

Python 提供了两种运行方式：一种是 REPL 模式，另一种是直接运行脚本文件。

REPL 即 read、eva、print、loop（读取、计算、打印、循环），实现 REPL 运行方式主要是使用 Python 内置的程序编辑器 IDLE，运行界面如图 10.2 所示。

```
Python 3.8.3 Shell
File Edit Shell Debug Options Window Help
Python 3.8.3 (tags/v3.8.3:6f8c832, May 13 2020, 22:37:02) [MSC v.1924 64 bit (AM
D64)] on win32
Type "help", "copyright", "credits" or "license()" for more information.
>>> print('hallo word')
hallo word
>>> |
```

图 10.2　Python REPL（IDLE）运行方式

运行脚本文件则需要用 notepad++或 SublimeText，甚至用写字本创建一个文件。比如：print（'Hello world！'）将其保存为 helloworld.py。需要使用时进入 cmd 命令行，切换（cd）到保存文件的目录，执行 python helloworld.py，文件名前的 python 表示调用 python 解释器执行文件。

例 10.4　在 R 文件中编写指令依次求解 $x_1=\dfrac{5!}{5^5},x_2=\dfrac{10!}{10^{10}},x_3=\dfrac{15!}{15^{15}}$，并显示其 8 位有效数字的结果。

首先利用互联网可查得阶乘的求解函数为 math.factorial（x）（需提前调用 math 库函数），其中 x 为所求阶乘的整数。于是在 IDLE 中新建文件 example1 并编写代码，如图 10.3 所示。

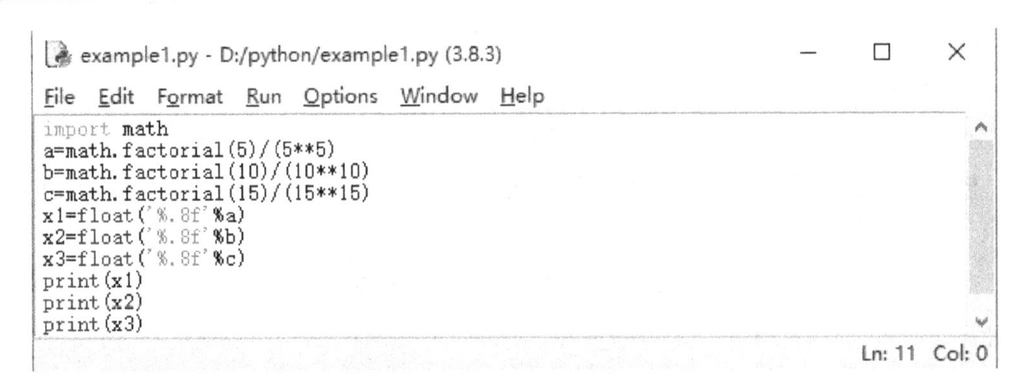

图 10.3　脚本文件的运行方式演示

在指令窗口中输入 import example1，可得结果如下：

```
0.0384   0.00036288   2.99e-06
```

例 10.5　建立一个 py 文件，计算给定自变量 x,y 某个值时的函数值 $z=xy$。

在 py 文件窗口创建并储存 py 函数文件 def1.py，其内容如下：

```
def def1(x, y):          #声明行
      x=x*y              #给因变量赋值
    return x             #返回值
```

当需要调用此函数时，在指令窗中输入下面的指令。

```
>>>z=def1(2,3)           #调用函数
```

例 10.6　建立一个 py 文件，计算给定自变量某个值时多个函数的函数值。

在 py 文件窗口创建并储存 py 文件 def2.m，其内容如下：

```
def def2(x):             #声明行
f1=math.sin(x)
f2=math.cos(x)
f3=math.tan(x)
Print(f1,f2,f3)
```

在指令窗口中输入一个数 x，利用上述函数输入下列指令即可得到三个函数的函数值。

```
>>>def2(x)               #调用函数
```

第三节　Python 数组及其运算

在 Python 中，直接进行数组的运算是不明智的，因此需要 NumPy 扩展程序库的帮助。NumPy（Numerical Python）是 Python 语言的一个扩展程序库，支持大量的维度数组与矩阵运算，此外也针对数组运算提供大量的数学函数库。

NumPy 通常与 SciPy（Scientific Python）和 Matplotlib（绘图库）一起使用，这种组合广泛用于替代 MATLAB，是一个强大的科学计算环境，有助于通过 Python 学习数据科学或者机器学习。

SciPy 是一个开源的 Python 算法库和数学工具包。

SciPy包含的模块有最优化、线性代数、积分、插值、特殊函数、快速傅里叶变换、信号处理和图像处理、常微分方程求解和其他科学与工程中常用的计算。

一、一维数组的创建

生成一维数组有多种方法，常用的函数有arrange（start，stop，step，dtype）、linspace（start，stop，num，endpoint，retstep，dtype）、logspace（start，stop，num，endpoint，base，dtype）。

（1）arrange函数是生成一维数组最简洁的方法，其创建格式可参考下例：

```
>>>import numpy as np
>>>x=np.arrange(start,stop,step,dtype)
```

其中，start为起始值，默认为0；stop为终止值(不包含)；step为步长，默认为1；dtype为返回数组的数据类型，如果没有提供，则会使用输入数据的类型。

提示：一般导入NumPy时会将它重命名为np，便于调用，出于版面的简洁考虑，后面的示例将不再出现NumPy导入及重命名的指令。

（2）linspace函数用于生成一维等差数列，创建格式如下：

```
>>>x=np.linspace(start,stop,num,endpoint,retstep,dtype)
```

其中，start为起始值；stop为终止值，若endpoint为true，该值会包含于数组中；num为样本数量，默认为50；retstep为true时生成的数组中会显示间距；dtype与arrange相同。

（3）logspace函数用于生成一维等比数列，创建格式如下：

```
>>>x=np.logspace(start,stop,num,endpoint,base,dtype)
```

使用规则与linspace函数基本相同。其中，base为取对数的时候log的下标；start与stop的值为base**start/stop。

例10.7 创建一维数组示例。

```
>>>a=np.arrange(1,6)          #生成从1到5，公差为1的等差数组
>>>b=np.linspace(0,1,9)       #生成从0到1，共9个数的等差数组
>>>c=np.logspace(1,5,8)       #生成从1到5，共8个数的等比数组
```

二、一维数组的子数组寻访和赋值

在程序设计中，常常需要调用数组的某个（或某几个）元素或对这些元素重新赋值，这时就需要对这些子数组做寻访或赋值运算。常见的寻访和赋值指令可参考下例。

例10.8 子数组的寻访与赋值示例。

```
>>>x=np.random.rand(5)        #产生含有5个元素的均匀随机数组
>>>x[3]                       #寻访数组x的第三个元素
>>>x[3: ]                     #寻访第三个至最后一个元素的全部元素
>>>x[2: 7: 2]                 #从索引2开始到索引7停止，间隔为2
>>>x[...,1]                   #寻访第三列元素
>>>x[3]=0                     #把数组x中的第三个元素重新赋值为0
>>>x=x[x>5]                   #由大于5的元素构成的子数组
```

三、二维数组的创建

二维数组由实数或复数排列成矩形而形成，因此从数据结构上看，矩阵和二维数组是没有区别的。二维数组的创建也有多种方法，常用的有直接生成法、利用 py 文件生成法和函数生成法三种。

（1）直接生成法。对于较小数组，可用此方法生成。用此方法生成二维数组需满足三条规则：整个输入数组必须以圆括号“（）”为其首尾；同一行的元素需用逗号分开且用方括号“[ ]”为其首尾；不同行的元素需用逗号分开。整个数组需用方括号为首尾，如

```
>>>A=([[1,2,3],[4,5,6]])
```

（2）函数生成法。Python 提供了一些函数来生成特殊的数组，常用的函数见表 10.4。

表 10.4 特殊数组的生成函数

生成函数	含义	生成函数	含义
empty	生成一个指定形状的随机数组	rand	生成均匀分布随机数组
eye	生成单位数组（对高维不适应）	randn	生成正态分布随机数组
ones	生成全 1 数组	zero	生成全 0 数组

（3）利用 py 文件生成法。将二维数组存储在 py 文件中，通过执行 py 文件创建数组。对于经常调用且元素较多的大数组，用此方法较为方便。

例 10.9 函数创建二维数组示例。

```
>>>np.ones([1,2])       #产生长度为 2 的全 1 行数组
>>>np.ones([2,2])       #产生（2×2）的全 1 阵
>>>np. eye(3)           #产生（3×3）单位阵
```

四、二维数组的子数组寻访和赋值

二维数组的元素在内存中按列的形式存储为一维长列数组，所以它可以以二维形式寻访，也可以以一维形式寻访，其常用寻访和赋值指令见表 10.5。

表 10.5 子数组寻访和赋值常用指令

指令	含义
A[i,j]	寻访 A 的第 i+1 行第 j+1 列元素
A(i,...)	寻访 A 的第 i 行所有元素
A[...,j]	寻访 A 的第 j+1 列所有元素
A[i,j]=a	将 a 赋值给 A 的第 i 行第 j 列元素
A[[i,j,k],[l,m,n]]	寻访 A 的（i，l），（j，m）和（k，n）位置处的元素

例 10.10　二维数组的子数组寻访和赋值示例。

```
>>>A=np.zeros([3,4])            #创建三行四列的全零数组
>>>s=[[1,1,2],[0,2,2]]          #整数数组索引
>>>A(s)                         #由"整数数组索引"寻访产生A的相应元素所组成的数组
>>>Sa=[11,22,33]                #生成一个列数组
>>>A(s)=Sa                      #整数数组方式赋值
>>>A[1,2]                       #寻访A的第一行第二列元素
```

五、高维数组的创建

在解决实际问题时有时需要定义高维数组，如定义甲、乙、丙、丁四个学生的身高、体重和性别。Python 软件也可以定义高维数组，其中第一维称为“行”，第二维称为“列”，第三维一般称为“页”，其运算与低维类似。因为高维数组的形象思维较困难，所以下面以三维为例简单介绍高维数组的定义。

例 10.11　高维数组的定义及运算示例。

```
>>>A=[[1,2],[3,4]]                     #创建二维数组A
>>>B=np.array([[A],[A**2],[A**3]])     #按页输入三维数组B的各个元素
>>>C=np.ones([3,2,2])                  #定义全1的2×2×3三维数组C
>>>D=C./B                              #三维数组按页进行除法数组运算
```

六、数组运算及其常用函数

数组运算是对数组定义的一种特殊运算规则，即无论对数组施加什么运算（加、减、乘、除或函数），总认定那种运算是对数组的每个元素平等地实施，即对于$(m\times n)$数组：

$$X=\begin{bmatrix} x_{11} & x_{12} & \cdots & x_{1n} \\ x_{21} & x_{22} & \cdots & x_{2n} \\ \vdots & \vdots & & \vdots \\ x_{m1} & x_{m2} & \cdots & x_{mn} \end{bmatrix}=\left[x_{ij}\right]_{m\times n}$$

有运算规则$f(X)=\left[f(x_{ij})\right]_{m\times n}$。

规定此运算规则的目的有两点：使程序指令更接近于数学公式；提高程序的向量化程度，提高计算效率。

NumPy 提供了大量的标量函数来执行数组运算，常用的见表 10.6。

表 10.6　数组运算的常用函数

函数	含义	函数	含义	函数	含义
exp	e的指数	square	2的指数	sqrt	正的平方根
log10	常用对数	abs	模或绝对值	sin	正弦

续表

函数	含义	函数	含义	函数	含义
tan	正切	floor	$-\infty$ 方向取整	arcsin	反正弦
arctan	反正切	sign	符号函数	mod	模除取余
round	四舍五入取整	fix	朝 0 方向取整	arccos	反余弦
log	自然对数	cos	余弦	ceil	$+\infty$ 方向取整

例 10.12　常用函数作用于数组示例。

```
>>>x=np.array([0,0,1,2])                     #创建数组 x
>>>y=np.sin(x)                               #将正弦函数作用于数组 x
>>>a=np.array([-3.5,4.6])                    #创建数组 a
>>>b=np.round(a),c=np.floor(a),
d=np.ceil(a),e=np.fix(a)                     #将取整函数作用于数组 a
```

七、矩阵运算及其常用函数

矩阵运算是 NumPy 最基础的一项功能。在 NumPy 库中，矩阵与数组的定义函数不同。NumPy 提供了大量的函数处理矩阵，从其作用来看可分为两类：构造矩阵的函数和进行矩阵计算的函数，见表 10.7。

表 10.7　矩阵中常用的操作函数

操作函数	含义	操作函数	含义
linalg.det(A)	求方阵 $\boldsymbol{A}$ 的行列式	linalg.inv(A)	求矩阵 $\boldsymbol{A}$ 的逆
A.shape	矩阵形式的线性方程的解	linalg.cond(A)	求 $\boldsymbol{A}$ 的条件数
linalg.eig(A)	计算特征值与特征向量	linalg.norm(A)	求矩阵 $\boldsymbol{A}$ 的范数(默认 2 范数)

例 10.13　创建一个 2 阶随机方阵，计算其大小、行列式、逆、特征值和特征向量。

```
>>>a=np.matlib.empty((2,2))                  #创建 2 阶随机方阵
>>>a.shape,np.linalg.det(a),
np.linalg.inv(a),np.linalg.eig(a)            #实施题目要求的各项运算
```

八、数组运算和矩阵运算的区别

NumPy 函数库中存在两种不同的数据类型（矩阵 matrix 和数组 array），都可以用于处理行列表示的数字元素，虽然它们看起来很相似，但是在这两个数据类型上执行相同的数学运算可能得到不同的结果，其中 NumPy 中的 matrix 与 MATLAB 中的 matrices 等价。与 MATLAB 不同，当应用 Python 进行数组或者矩阵运算时因为一开始就定义了类型，所以运算并不会混淆。

九、向量运算及其操作函数

向量是一种特殊的矩阵，基于其重要性，Python 中的向量是通过 array 数组来实现的。Python 为其提供了很多操作函数，常用的见表 10.8，表中的部分函数同样可作用于二维数组，但其作用按列分别进行。

表 10.8 向量中常用的操作函数

操作函数	含义
len(v)	返回 max（size（***v***））
np.diag(v)	以向量 ***v*** 作对角元素创建对角矩阵
max(v)(或 min(v))	求向量的最大（或最小）元素
np.argmax(a)(或 np.argmin(a))	返回向量最大（或最小）元素的下标
sum(v)(或 np.mean(v))	求向量元素的和（或平均值）
np.cumsum(v)(或 np.cumprod(v))	返回一个包含向量 ***v*** 的元素的累加和（或积）的新向量
np.prod(v)	返回向量 ***v*** 的所有元素的积
np.sort(v)	对向量 ***v*** 中的元素按升序排列
np.dot(a,b)(或 np.cross(a,b))	求向量 ***a*** 和向量 ***b*** 的数量积（或向量积）
np.median(a)	求向量 ***a*** 的中位数
np.std(a)(或 np.var(a))	求向量 ***a*** 的标准差（或方差）

例 10.14 向量运算示例。

```
>>>a=np.array([1,3,9])        #创建向量 a
>>>m=min(a)                   #返回向量 a 的最小值
>>>m=max(a)                   #返回向量 a 的最大值
>>>np.sort(a)                 #按升序排列数组 a 元素值
>>>cuma=np.cumsum(a)          #返回向量 a 的元素的累加和向量
>>>c=np.mean(a)               #计算二维数组 a 各列元素的平均值
```

十、集合及其运算

集合是指具有某种共同性质的元素全体，这些元素之间是互异的，无序的。在 Python 中，创建集合的方法为大括号{}或者 set（）函数，Python 也提供了一些函数，常用的见表 10.9。

表 10.9　集合的运算函数

运算函数	含义
A.intersection(B,C…)	返回两个或更多集合的交集
A.issubset(B)	判断集合 *A* 中的元素是否属于 *B*，如果属于相应结果为 1，否则为 0
A.difference(B)	返回集合 *A* 和 *B* 的差集
A.symmetric_difference(B)	返回集合 *A* 和 *B* 的异或（不在交集中的元素）
A.union(B,C…)	返回集合两个或更多集合的并集

例 10.15　集合运算示例。

```
>>>A={1,2,3}; B={1,5,7}       #创建两个数组
>>>A.union(B)                 #返回集合 A 和 B 的并集
>>>A.intersection(B)          #返回 A 和 B 的交集
>>>A.issubset(B)              #判断 A 中的元素是否属于 B
```

第四节　Python 的绘图功能

处理实际问题时，借助图形可从杂乱的离散数据中观察数据间的内在关系，从而找出数据所隐藏的内在规律。Python 中包含了 Matplotlib 绘图库，其功能十分强大，是画图时使用的主要工具。但与 MATLAB 相比，Matplotlib 不能直接使用符号函数进行绘图，在进行一些复杂图形的绘制时十分不便且代码量过多，无形地增加了建模的工作量。所以在选择时应依据具体情况来使用软件。

一、数值方法绘图

Matplotlib 是 Python 的绘图库。它可与 NumPy 一起使用，提供了一种有效的 MATLAB 开源替代方案。它也可以和图形工具包一起使用。

Matplotlib 画图方法为先给出图形中若干个点的坐标数组，即确定图形中的若干个点；然后将 Matplotlib 所提供的绘图指令作用于这些数组，即将所确定的图形的点用线段（或平面域）连接，即得到函数的曲线（或曲面）图形。

例 10.16　Matplotlib 画图定义示例。

```
>>>x=np.arrange(1,11)           #定义符号变量 x
>>>y=2*x+5                      #定义符号函数 f
>>>plt.plot(x,y)plt.show()      #画出关于 x, y 的图像
```

在 NumPy 中不像 MATLAB 一样有诸多符号函数，但在 Python 的 SciPy 中可以达到类似的效果，本章不再赘述，留给读者自己进行研究。

例 10.17 绘制函数 $y=\sin x^{\tan x}, x\in[0,2\pi]$ 的图形。

```
>>>x=np.linspace(0,np.pi)          #创立自变量数组
>>>y=np.sin(x)**np.tan(x)          #创立因变量数组
>>>plt.plot(x,y); plt.show()       #画出图像并显示
```

执行指令，得到图 10.4。

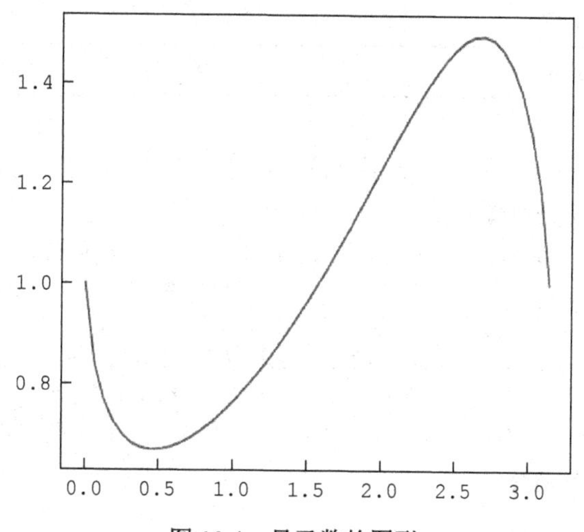

图 10.4 显函数的图形

例 10.18 在$[0,2\pi]$上绘制星形线： $x=\cos^3 t, y=\sin^3 t$ 。

```
>>>x=np.cos(t)**3; y=np.sin(t)**3
>>>plt.plot(x,y); plt.show()           #绘制星形线
```

执行指令，得到图 10.5。

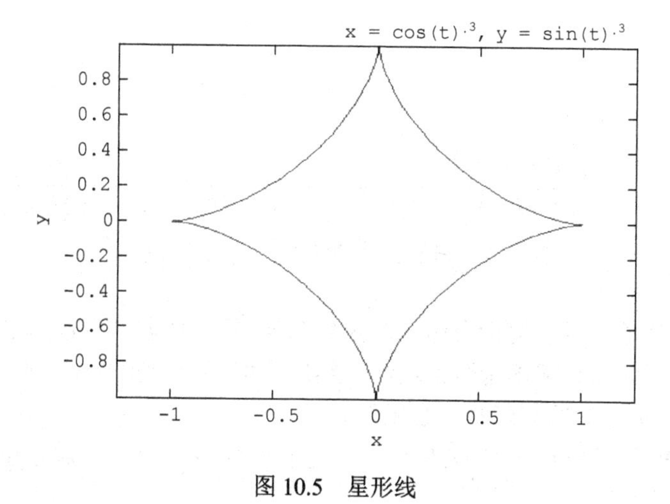

图 10.5 星形线

plot（）函数中曲线的设置见表 10.10。

表 10.10　曲线的线型、色彩和数据点型设置

线型		色彩		数据点型	
符号	含义	符号	含义	符号	含义
-	实线	B	蓝	v	倒三角黑点
:	虚线	R	红	*	星形符
-.	点划线	Y	黄	X	x 字符
--	短横线	k	黑	S	方块符

例 10.19　已知美国 1790～1990 年近两百年的人口统计数据见表 9.16，试绘制其人口统计数量与时间的对应关系图形。

```
>>>t=np.arrange(1790,2000,10)          #生成时间数组
>>>x=np.array([3.929,5.308,7.240,9.638,12.866,17.069,
        23.192,31.443,38.558,50.156,62.948,
    75.995,91.972,105.711,122.755,131.669,150.697,
        179.323,203.212,226.505,248.710]*10^6)
>>>plt.plot(t,x,"or"); plt.plot(t,x)    #绘制函数曲线和散点图
```

执行指令，得到图 10.6。

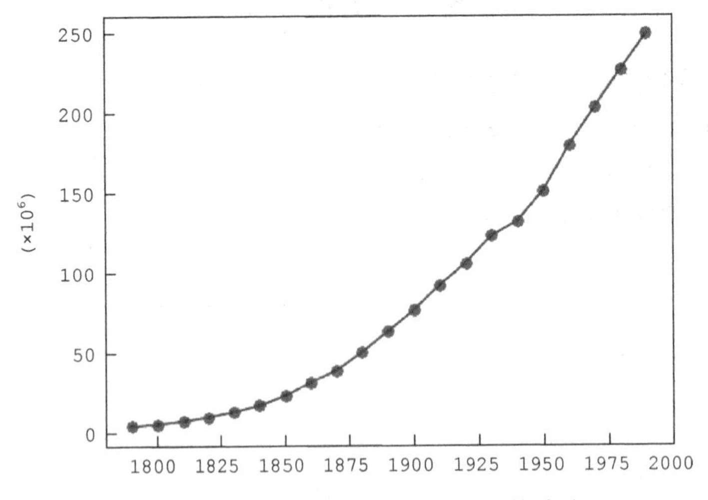

图 10.6　美国人口数量与时间的函数关系图

使用数值方法绘制具有解析表达式的函数图形，需要根据自变量的定义域先将其离散化，再利用解析式求得相应的函数值数组，然后才能使用 plot 指令绘制图形。

例 10.20　数值方法绘制函数曲线示例。

```
>>>x=linspace(0,2*pi,30);          #生成[0,2π]上 30 个点连成的正弦曲线
   y=sin(x);plot(x,y)
```

执行指令，得到图 10.7。

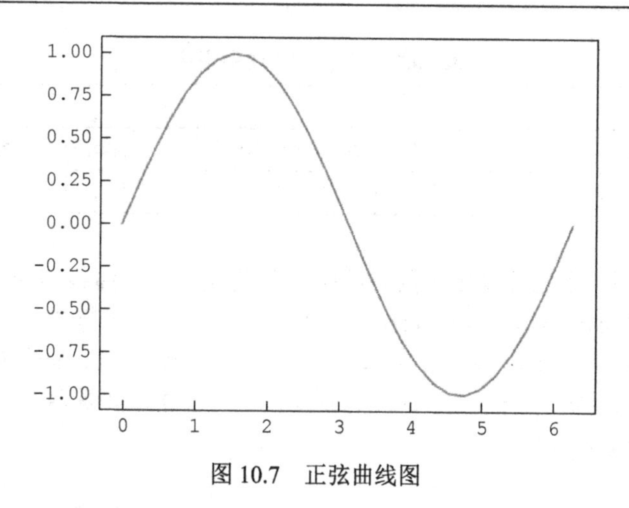

图 10.7　正弦曲线图

例 10.21　数值方法绘制三维曲线示例。

```
>>>t=np.arrange(0,np.pi*10,np.pi/50)        #参数离散化
>>>x=np.sin(t); y=np.cos(t)                  #设立因变量表达式
>>>ax.plot(x,y,t); plt.show()                #画出三维曲线
```

执行指令，得到图 10.8。

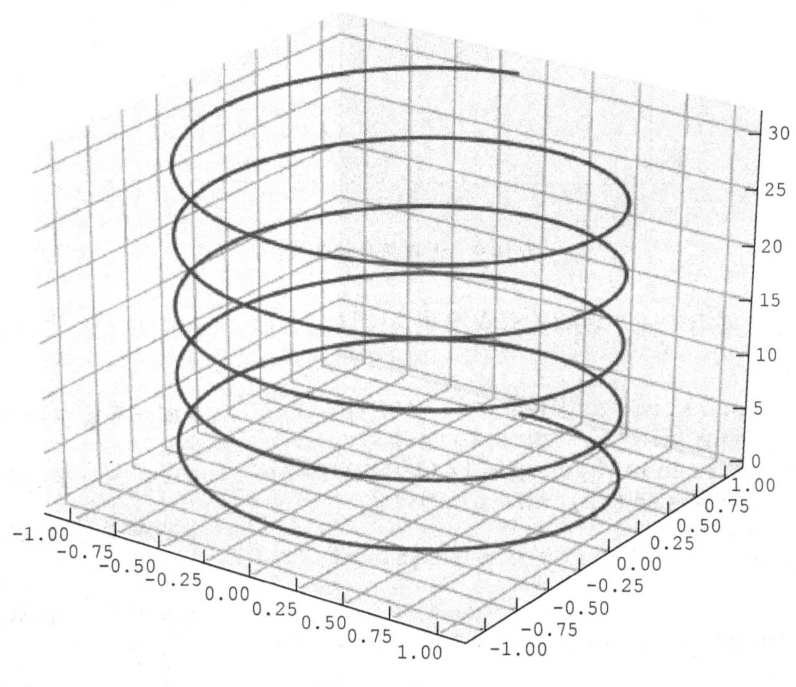

图 10.8　螺旋线

在 Matplotlib 中，若想在同一坐标系中画新的图形，只需要将 plt.show()指令放至最后，如例 10.22。除了上述几个常用指令绘制曲线图形外，Matplotlib 还提供了几个指令绘制有特殊要求的图形，见表 10.11。

表 10.11 其他常用绘图指令

绘图指令	含义
plt.figure(n)	在不同的图形窗中连续地绘制图形，当前图形被绘制在第 n 个图形窗中
plt.subplot(m,n,p)	在同一个图形窗中创建 $m\times n$ 个坐标系，p 为当前坐标系的序号

例 10.22 在同一个坐标系中不同时绘制两条曲线：正弦曲线和余弦曲线。

```
>>>x=np.linspace(0,np.pi*2,30)          #参数离散化
>>>y=np.sin(x); z=np.cos(x)             #画出正弦余弦函数
>>>plt.plot(x,y); plt.plot(x,z)         #作图并显示
```

执行指令，得到图 10.9。

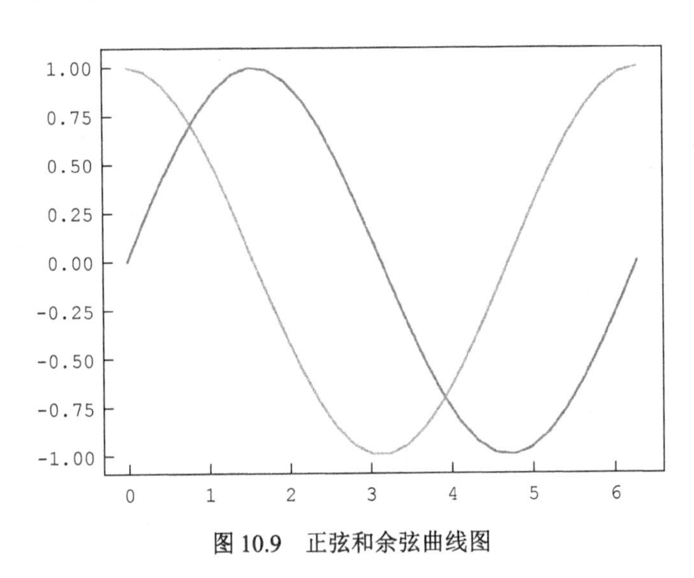

图 10.9 正弦和余弦曲线图

例 10.23 采用不同个数的数据点绘制连续调制波形 $y=\sin t\sin 9t(t\in[0,\pi])$ 的图形并加以比较。

```
>>>t1=np.arrange(0,np.pi,1/np.pi);
   y1=np.sin(t1)*np.sin(9*t1)                     #离散得较少的数据
>>>t2=np.arrange(0,np.pi,1/(10*np.pi));
   y2=np.sin(t2)*np.sin(9*t2)                     #离散得较多的数据
>>>plt.subplot(221);*plt.plot(t1,y1,"r.")         #绘制较少数据的波形散点图
>>>plt.subplot(222);plt.plot(t2,y2,"r.")          #绘制较多数据的波形散点图
>>>plt.subplot(223);
plt.plot(t1,y1,"r*");plt.plot(t1,y1)              #绘制较少数据的波形散点、曲线图
>>>plt.subplot(224);
plt.plot(t2,y2,"r*");plt.plot(t2,y2)              #绘制较多数据的波形散点、曲线图
>>>plt.show()                                     #显示图片
```

执行指令，得到图 10.10。

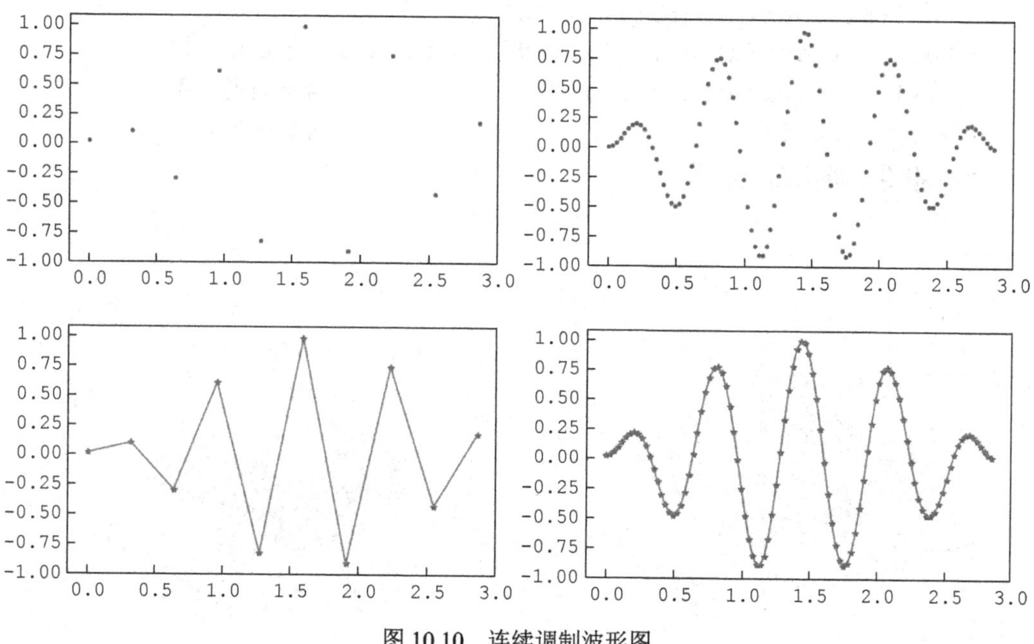

图 10.10　连续调制波形图

Python 软件绘制三维曲面较为复杂，需要在绘制之前对数据进行处理，以得到三维曲面上点的坐标数组。绘制二元函数 $z=f(x,y)$ 的曲面（网线）图形的步骤如下。

步骤 1：将自变量 x,y 在定义域范围内离散化。

```
x= np.arrange(x1,x2,dx); y= np.arrange(y1,y2,dy)
```

步骤 2：基于离散化的自变量数据，利用指令 meshgrid 生成曲面上的点在 XOY 面上的投影点的横坐标和纵坐标数组，称为自变量采样“格点”矩阵。

```
X,Y=np.meshgrid(x,y);
```

步骤 3：计算在自变量采样“格点”上的函数值 $Z=f(x,y)$，将纵坐标离散化。

```
Z=f(x,y)
```

步骤 4：将三维曲面绘图指令 plot_surface 作用于三个离散化数组 X、Y 和 Z，绘制曲面图（或网线图）。指令的使用格式如下：

```
ax3.plot_surface(X,Y,Z,C)    #绘制由C指定用色的网线图，其中C可省略
```

例 10.24　绘制曲面 $z=\dfrac{\sin\sqrt{x^2+y^2}}{\sqrt{x^2+y^2}}$，$-7.5\leqslant x\leqslant 7.5,-7.5\leqslant y\leqslant 7.5$ 的网线图和曲面图。

```
>>>x=np.arrange(-7.5,8,0.5);
   y=x; X,Y=np.meshgrid(x,y)                #生成"格点"矩阵

>>>R=np.sqrt(X**2+Y**2)+2*np.exp(-52)       #加上一个近似无穷小值防
                                              止出现0/0
```

```
>>>Z=np.sin®/R                                   #生成竖坐标数组
>>>ax=plt.gca(projection='3d');
   ax1=plt.gca(projection='3d')                  #定义两个 3D 画板
>>>ax.plot_surface(X,Y,Z,cmap='rainbow')         #绘制曲面图
>>>ax1.plot_wireframe(X,Y,Z)                     #绘制网线图
>>>plt.show()                                    #显示图片
```

执行指令，得到图 10.11。

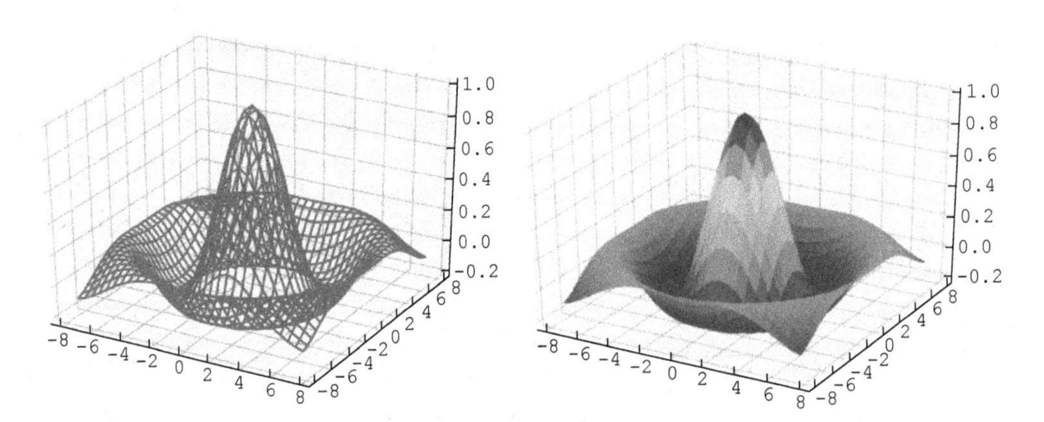

图 10.11　网线图和曲面图

二、图形的处理

为了使绘制的图形所表达的信息更清晰，常常要对图形做进一步的处理，常用的处理方法为图形标识和坐标系控制。

图形标识主要包括添加图名、坐标轴名和图形注释等。坐标系控制是指通过控制各坐标的取值范围，实现所表达图形的显示。Python 的图像处理指令及含义见表 10.12。

表 10.12　常用的图形处理指令

指令	含义
plt.title('S')	标注图名 *S*，*S* 为一字符串，下同
plt.xlabel('S') (plt.ylabel('S'))	标注横（纵）坐标轴名 *S*
plt.text(x,y,'S')	在坐标（*x*，*y*）处标注字符注释 *S*
plt.xlim(a,b) (plt.ylim(a,b))	限定 *x* 轴和 *y* 轴的取值范围
plt.legend('S1','S2',…)	将字符串 S1，S2 标注到图中，各字符串对应的图标与图形的图标对应
plt.axis('equal')	限定 *x* 轴和 *y* 轴的单位长度相同

例 10.25　在区间 $[0,3\pi]$ 上绘制曲线 $x=\mathrm{e}^{-\frac{t}{3}}\sin(2t+3)$ 及其上半部分包络线 $y=\mathrm{e}^{-\frac{t}{3}}$ 的图形。

```
>>>t=np.linspace(0,3*np.pi,50);
x=np.exp(-t/3)*np.sin(2*t+3); y=np.exp(-t/3);                #函数离散化
>>>plt.plot(t,x,'b-.*');plt.plot(t,y,'r');plt.grid()        #绘制曲线并加网格
>>>plt.xlabel('Independent Variable t');                     #添加横坐标轴名
>>>plt.ylabel('Dependent Variables x and y')                 #添加纵坐标轴名
>>>plt.text(5,-0.4,'exp(-t/3)sin(2t+3)')                     #添加字符串
>>>label=["x=exp(-t/3)sin(2t+3)","y=exp(-t/3)"];
plt.legend(label,loc=0,ncol=2)                               #标注函数名
>>>plt.show()                                                #显示图片
```

执行指令，得到图 10.12。

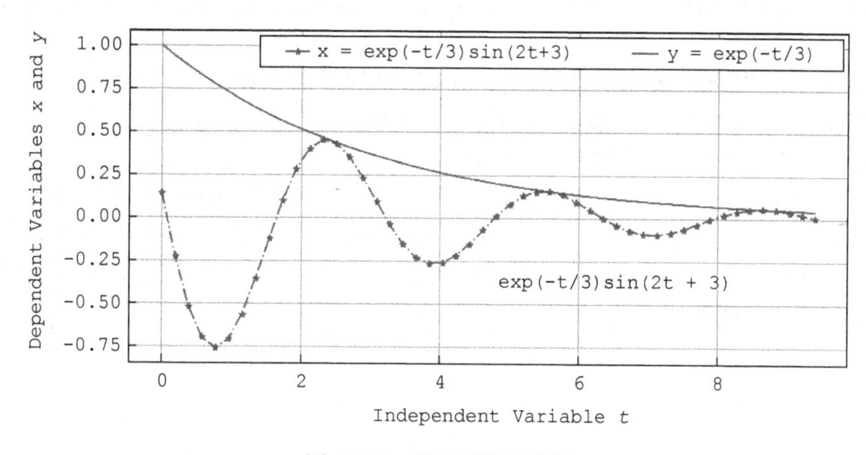

图 10.12　图形标识演示图

除了上述处理指令，Python 还提供了几个交互式指令对图形进行交互式处理，这些指令见表 10.13。

表 10.13　常用的交互式指令

plt.ginput(n)	用鼠标从二维图形上获取 n 个点的坐标 (x,y)

例 10.26　绘制正割曲线 $y=\sec x, x\in[-2\pi,2\pi]$ 的图形。

```
>>>x=np.arrange(-2*np.pi,2*np.pi,np.pi/100);
y=1/np.cos(x)                                                #将函数离散化
>>>plt.plot(x,y,': ')                                        #画出正割曲线的图形线形为虚线
```

```
>>>plt.ylim(-10,10)        #将纵坐标控制在[-10,
                             10]上显示图形
>>>plt.show()              #显示图像
```

执行指令，得到图 10.13 和图 10.14。

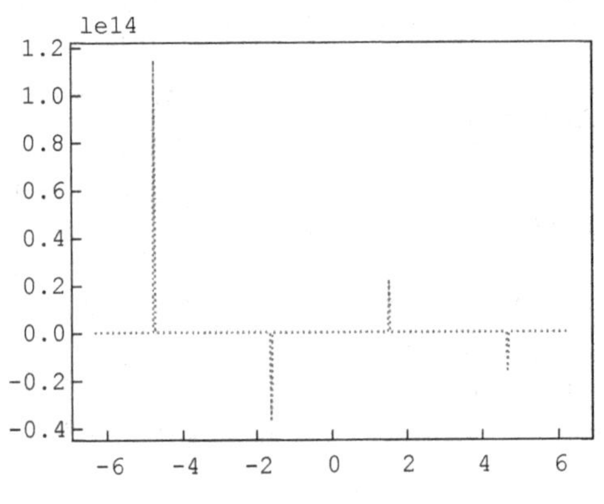

图 10.13　正割曲线图（坐标控制前）

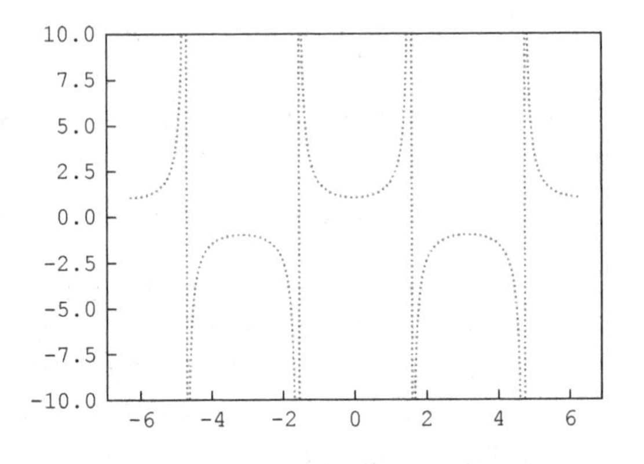

图 10.14　正割曲线图（坐标控制后）

例 10.27　利用图解法近似求解 $\sin x + x + 1 = 0$ 的零点坐标。

```
>>>x=-2*pi: pi/15: 2*pi; y=sin(x)+x+1;      #函数离散化
     z=zeros(1,length(x));
>>>plot(x,y,'b',x,z,'r')                    #绘制函数图形和 x 轴
>>>axis([-2*pi 2*pi-6 6]),zoom on           #控制坐标系并放大图形
>>>[x,y]=ginput(1),zoom off                 #互动提取满足要求的点的坐标
```

执行指令，得到图 10.15。

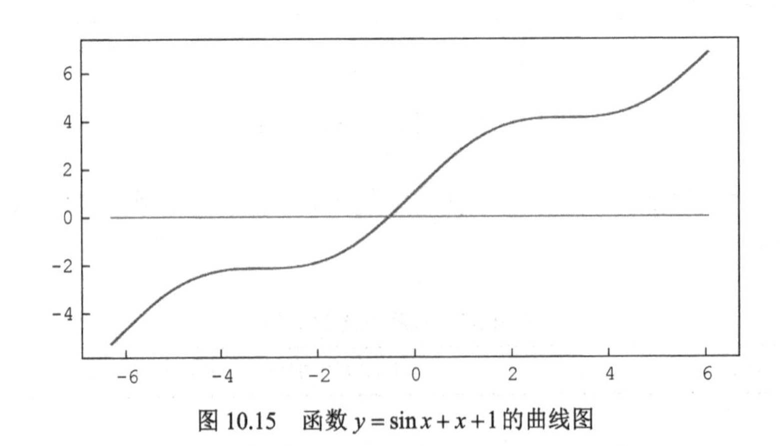

图 10.15　函数 $y = \sin x + x + 1$ 的曲线图

如图 10.15 所示，曲线与 x 轴的交点即零点的近似坐标，为 $x = -0.515\,787\,019\,672\,025\,3$，$y = 0.046\,473\,804\,489\,263\,415$。

第十一章　R 软件及其应用

第一节　R 软件初步

R 是用于统计分析、绘图的语言和操作环境。R 是属于 GNU 系统的一个自由、免费、源代码开放的软件，是一个用于统计计算和统计制图的优秀工具。R 是统计领域广泛使用的诞生于 1980 年左右的 S 语言的一个分支，可以认为 R 是 S 语言的一种实现。而 S 语言是由 AT&T 贝尔实验室开发的一种用来进行数据探索、统计分析和作图的解释型语言，是一套由数据操作、计算和图形展示功能整合而成的套件。R 包括：有效的数据存储和处理功能，一套完整的数组（特别是矩阵）计算操作符，拥有完整体系的数据分析工具，为数据分析和显示提供强大的图形功能，一套（源自 S 语言）完善、简单、有效的编程语言（包括条件、循环、自定义函数、输入输出功能）。

本章主要介绍 R 的基本指令，更多内容请使用 R 的在线帮助系统或参考有关图书。

第二节　R　环　境

R 是一种编程语言，也是统计计算和绘图的环境，它汇集了许多函数，能够提供强大的功能。

R 语言软件界面简单，通常不直接使用，而是使用图形界面的 RStudio。它是免费提供的开源集成开发环境，提供了一个具有多功能的环境，使 R 更容易使用，是在终端中使用 R 的绝佳选择。

RStudio 的主窗口是标准的 Windows 界面（图 11.1），易于上手。主窗口主要包括

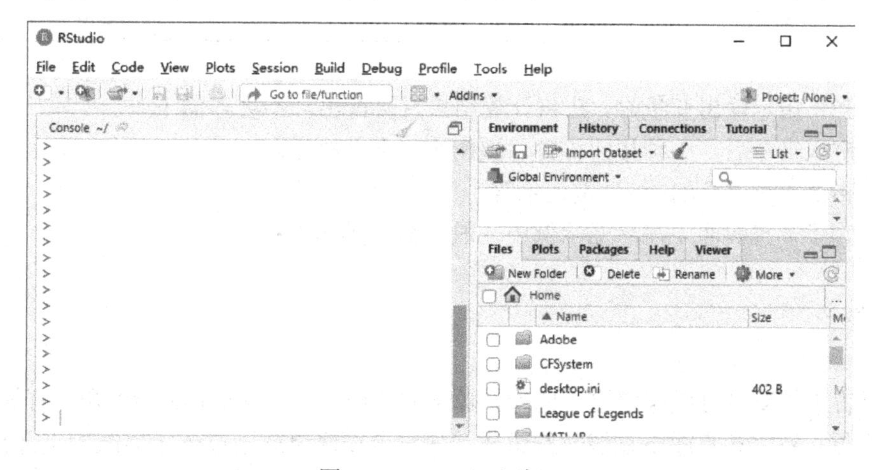

图 11.1　RStudio 主窗口

三个窗口：指令窗口（脚本运行和显示结果）、工作区窗口、文件窗口（文件/图片/帮助/包）。

指令窗口主要用于输入各种指令并显示运算结果，是最常用的窗口；工作区窗口用于显示当前内存中变量的信息（包括变量名、维数、取值等），以及可以查看历史记录；文件窗口用于显示当前目录下的文件信息。

此外，在 R 中还会经常用到另外三个窗口：编辑 R 文件的编辑窗口，显示图形的图形窗口，以及显示帮助文件的帮助窗口。

一、指令窗口

R 的指令窗口是用户与 R 进行交互的主要场所。在此窗口可直接输入各种 R 指令，实现计算或绘图功能。

例 11.1　计算 $\left[12+2\times(7-4)\right]\div3^2$。

在指令窗口输入指令：

```
>(12+2*(7-4))/3^2
```

按回车键则在指令窗中显示：

```
>[1]2
```

提示：

（1）在 R 中可直接进行算术运算，其表达式见表 11.1。

表 11.1　算术运算符的表达式

算术运算	数学表达式	R 表达式
加	$a+b$	a+b
减	$a-b$	a-b
乘	$a\times b$	a*b
除	$a\div b$	a/b
幂	a^b	a^b

（2）当不指定输出变量时，R 将计算结果直接得出，不会存储下来。

（3）键入指令后，必须按回车键，该指令才会被执行。

（4）指令“头首”的“>”是指示符。

（5）为了节省版面，在后面示例中一般只给出操作指令。

二、变量

R 语言中的变量可以存储原子向量、原子向量组或许多 Robject 的组合。有效的变量名称由字母、数字和点或下划线字符组成。变量名以字母或不以数字后跟的点开头。

此外，R 还提供了几个常用的常量，分别如下：

Inf，无穷大（正负）；

pi，圆周率π；

NaN，不定值；

.Rachine$double.eps，计算机的最小浮点正数。

例 11.2　变量运算示例。

```
>A=5;B=0;                    #给变量 A 和 B 赋值
>C=A/B;D=B/B                 #进行算术运算并显示结果
```

提示：

（1）在 R 中，被 0 除是允许的，不会导致程序执行的中断，但会用一个特殊的名称（如 Inf 或 NaN）记述。

（2）在 R 中，无论是矩阵、数组、向量，还是标量，都可直接赋值，不需描述其类型和维数。

（3）标点符号一定要在英文状态下输入。指令窗中各种标点符号的用途见表 11.2。

表 11.2　指令行中标点符号的作用

名称	标点	作用
空格		输入量与输入量之间的分隔符；数组元素分隔符
逗号	,	输入量与输入量之间的分隔符；数组元素分隔符
黑点	.	数值表示中的小数点
分号	;	数组的行间分隔符
注释号	#	由它“启首”后的所有物理行部分被看作非执行的注释符
单引号对	' '	字符串标记符

（4）指令执行后，变量 *A* 被保存在 R 的工作空间中，以备后用。若用户不用，可用控制指令 rm(list=ls(all=TRUE))清除它或对它重新赋值。常用的控制指令见表 11.3。

表 11.3　常用的控制指令

指令	含义
rm(list=ls(all=TRUE))	清除 R 工作空间中保存的变量
↑↓	向前（后）调出已输入的指令
Ctrl+L	清除指令窗中显示内容

例 11.3　标点符号与控制指令使用示例。

```
>B=array(c(1.5,2,3,4,5,6),dim=c(2,3))  #创建二维数组 B
>C=sum(B)                              #函数 sum 作用于数组 B
>B[1,2]=6                              #援引数组 B 中第一行第二列
                                        元素，并重新对其赋值
>rm(B)                                 #在工作空间中清除变量 B
```

（5）R 显示数据结果时，一般遵循下列原则：若数据是整数，则显示整数；若数据是实数，在缺省情况下显示小数点后 6 位数字。用户可以利用指令 format(a, digits=n)来控制显示的位数，其中 a 为变量，n 为输出数值的位数。如在指令窗中输入：

>format(pi,digits=16)

运行可得 16 位数的 π 值为

3.141592653589793

三、帮助系统

R 提供了非常便利的在线帮助，若知道某个程序（或主题）的名字，可用下面的指令得到帮助：

help 程序（主题）名

例如，

```
>help("sqrt")
```

单独使用 help()指令，R 将列出所有的主题。

除上述方法外，还可用联机帮助、演示帮助或直接链接到 R 语言官网获得帮助。此外互联网的搜索引擎对使用 R 软件也能提供很好的帮助。

四、运行方式

R 提供了两种运行方式：指令运行方式和 R 文件运行方式。

指令运行方式通过直接在指令窗口中输入指令行来实现计算或作图功能。当处理较复杂问题时，此种方式应用较为困难。

R 文件运行方式是指在 R 文件窗口先建立一个 R 文件，将所有指令编写在此文件中，然后运行此 R 文件或者以 R 为扩展名存储此文件，再在指令窗口中输入 source（文件名，路径），调用脚本。

例 11.4　在 R 文件中编写指令依次求解 $x_1=5!/5^5, x_2=10!/10^{10}, x_3=15!/15^{15}$，并显示其 8 位有效数字的结果。

首先利用互联网可查得阶乘的求解函数为 factorial（n），其中 n 为所求阶乘的整数。于是在 R 文件窗口编写 R 脚本文件 example1.R，如图 11.2 所示。

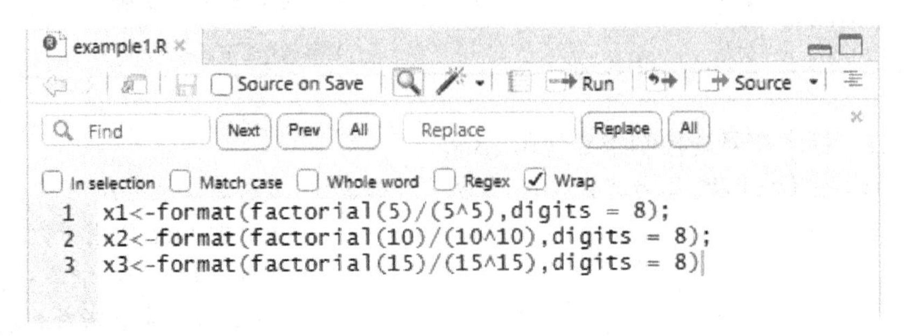

图 11.2　R 脚本文件的运行方式演示

在指令窗口中输入 source（“D：/RStudio/example1.R”）可计算出 x1，x2，x3 的值。

例 11.5　建立一个 R 函数文件，计算给定自变量 x, y 某个值时的函数值 $z = xy$。

在 R 文件窗口创建并储存 R 函数文件 fun1.R，其内容如下：

```
fun1=function(x,y){                    #函数编写
  f=x*y;return(f)
}
```

当需要调用此函数时，在指令窗口中输入下面的指令：

```
>z=fun1(2,3)                           #调用函数
```

例 11.6　建立一个 R 函数文件，计算给定自变量某个值时多个函数的函数值。

在 R 文件窗口创建并储存 R 函数文件 fun2.R，其内容如下：

```
fun2=function(x){                      #声明行
  f1=sin(x)                            #函数体
  f2=cos(x)
  f3=tan(x)
  cat(f1,f2,f3)
}
```

在指令窗口中输入一个数 x，利用上述函数输入下列指令即可得三个函数的函数值。

```
>fun2(pi/2)                            #调用函数
```

第三节　R 数组及其运算

一、一维数组的创建

生成一维数组有多种方法，常用的函数有 c()，array()，seq()。

（1）c 函数是最简单且用途最广的创建数组的函数，其创建格式可参考下例：

```
>x=c(2,4,6,8,10)
>x=c(1：10)
```

（2）seq 函数用于生成固定步长的等差数列，其创建格式可参考下例：

```
>x=seq(a,b,d)
```

其中，a 为数组的第一个元素；b 为数组的最后一个元素；d 为采样点之间的间隔，即步长，当它取正值时，需保证 $a<b$，当它取负值时，需保证 $a>b$，其默认值为 1；若（$b-a$）是 inc 的整数倍，则生成数组的最后一个元素等于 b，否则小于 b。

例 11.7　创建一维数组示例。

```
>a=1：5/a=c(1：5)              #生成从 1 到 5，公差为 1 的等差数组
>x=seq(0,pi,pi/4)              #生成从 0 到 π，步长为 π/4 的数组
```

二、一维数组的子数组寻访和赋值

在程序设计中，常常需要调用数组的某个（或某几个）元素或对这些元素重新赋值，这时就需要对这些子数组做寻访或赋值运算。常见的寻访和赋值指令可参考下例。

例 11.8　子数组的寻访与赋值示例。

```
>x=runif(5,1,10)          #产生含有 1～10，5 个元素的均匀随机数组
>x[3]                     #寻访数组 x 的第三个元素
>x[3: 5]                  #寻访第三个至最后一个元素的全部元素
>x[3: 1]                  #由前三个元素倒排列构成的子数组
>x[x>0.5]                 #由大于 0.5 的元素构成的子数组
>x[3]=0                   #把数组 x 中的第三个元素重新赋值为 0
>x=x[5: 1]                #把数组 x 的元素按下标从大到小重新排列
>y=c()                    #创建空数组
```

三、二维数组的创建

二维数组由实数或复数排列成矩阵组成，因此从数据结构上看，矩阵和二维数组是没有区别的。二维数组的创建在 R 中十分简单，只需要利用 array 函数定义数组的维数，方法如下。

```
>a=array(1: 10,dim=c(2,5))             #产生两行五列的二维数组
>a=array(c(1,5,6,9),dim=c(2,2))        #产生两行两列的二维数组
```

还可以利用 R 文件创建数组。将二维数组存储在 R 文件中，通过执行 R 创建数组。对于经常调用且元素较多的大数组，用此方法较为方便。

四、二维数组的子数组寻访和赋值

二维数组的元素在内存中按列的形式存储为一维长列数组，所以它可以以二维形式寻访，也可以以一维形式寻访，其常用寻访和赋值指令见表 11.4。

表 11.4　子数组寻访和赋值常用指令

指令	含义
A[i,j]	寻访 A 的第 i 行第 j 列元素
A[i,]	寻访 A 的第 i 行所有元素
A[,j]	寻访 A 的第 j 列所有元素
A[k]	“单下标”寻访，寻访 A 的“一维长列”数组的第 k 个元素
A[i,j]=a	将 a 赋值给 A 的第 i 行第 j 列元素
A[k]=a	将 a 赋值给 A 的“一维长列”数组的第 k 个元素

例 11.9　二维数组的子数组寻访和赋值示例。

```
>a=array(0,dim=c(3,4))          #创建三行四列的全零数组
>A[]=1: 12                      #全元素赋值
>s=c(5,7,11)                    #产生单下标数组
>A(s)                           #由"单下标行数组"寻访产生 A 的相应
                                  元素所组成的数组
>Sa=c(11,22,33)                 #生成一个列数组
>A(s)=Sa                        #单下标方式赋值
>A[1,2]                         #寻访 A 的第一行第二列元素
```

五、高维数组的创建

在解决实际问题时有时需要定义高维数组，如定义甲、乙、丙、丁四个学生的身高、体重和性别。R 软件也可以定义高维数组，其中第一维称为“行”，第二维称为“列”，第三维一般称为“页”，其运算与低维类似。在 R 语言中，定义高维数组比较简便，仅需改变 array 函数中的 dim（维数）值即可。因为更高维数组的形象思维较困难，所以下面以三维为例简单介绍高维数组的定义。

例 11.10　高维数组的定义及运算示例。

```
>A=array(1: 12,dim=c(2,2,3))    #创建两行两列三页的数组A
>B=array(1,dim=c(2,2,3))        #定义全 1 的 2×2×3 三维数组 B
>C=B/A                          #三维数组按页进行除法数组运算
```

六、数组运算及其常用函数

数组运算是对数组定义的一种特殊运算规则，即无论对数组施加什么运算（加、减、乘、除或函数），总认定那种运算是对数组的每个元素平等地实施，即对于$(m\times n)$数组有运算规则$f(X)=\left[f(x_{ij})\right]_{m\times n}$。

$$X=\begin{bmatrix} x_{11} & x_{12} & \cdots & x_{1n} \\ x_{21} & x_{22} & \cdots & x_{2n} \\ \vdots & \vdots & & \vdots \\ x_{m1} & x_{m2} & \cdots & x_{mn} \end{bmatrix}=\left[x_{ij}\right]_{m\times n}$$

规定此运算规则的目的有两点：

（1）使程序指令更接近于数学公式；

（2）提高程序的向量化程度，提高计算效率。

R 提供了大量的标量函数执行数组运算，常用的见表 11.5。

表 11.5　数组运算的常用函数

名称	含义	名称	含义	名称	含义
exp	e 的指数	sqrt	正的平方根	log	自然对数
log10	常用对数	sin	正弦	cos	余弦
tan	正切	asin	反正弦	acos	反余弦
atan	反正切	abs	模或绝对值	sign	符号函数
round	四舍五入取整	floor	$-\infty$ 方向取整	ceiling	$+\infty$ 方向取整

例 11.11　常用函数作用于数组示例。

```
>x=c(0,0,2,1)                              #创建数组 x
>y=sin(x)                                  #将正弦函数作用于数组 x
>a=c(-3.5,4.6)                             #创建数组 a
>b=round(a),c=floor(a),d=ceiling(a)        #将取整函数作用于数组 a
```

七、矩阵运算及其常用函数

矩阵运算是 R 最基本的功能。R 提供了大量的函数处理矩阵，常用的见表 11.6。

表 11.6　矩阵中常用的操作函数

操作函数	含义	操作函数	含义
det(A)	求方阵 A 的行列式	slove(A)	求矩阵 A 的逆
dim(A)	求 A 的大小，返回 A 的行数和列数	kappa(A)	求 A 的条件数
eigen(A)	计算矩阵 A 的特征向量和特征值	norm(A,"2")	求矩阵 A 的 2-范数

例 11.12　创建一个 5 阶随机矩阵，计算其大小、行列式、逆、特征值和特征向量。

```
>A=matrix(runif(25),5,5)                   #创建 5 阶随机矩阵 A
>dim(A),det(A),slove(A),eigen(A)           #实施题目要求的各项运算
```

八、数组运算和矩阵运算的区别

R 语言中存在两种不同的数据类型（矩阵 matrix 和数组 array），都可以用于处理行列表示的数字元素，虽然它们看起来很相似，但是在这两个数据类型上执行相同的数学运算可能得到不同的结果，其中 R 语言中的 matrix 与 MATLAB 中的 matrices 等价。与 MATLAB 不同，当我们进行数组或者矩阵运算时 R 一开始就定义了类型，所以运算并不会混淆。

九、向量运算及其操作函数

向量是一种特殊的矩阵，基于其重要性，R 为其提供了很多操作函数，常用的见表 11.7。表中的部分函数同样可作用于二维数组，但其作用按列分别进行。

表 11.7 向量特征的操作函数

操作函数	含义
length(v)	返回向量 **v** 的长度
diag(v)	以向量 **v** 作对角元素创建对角矩阵
max(v)(或min(v))	求向量 **v** 的最大（或最小）元素
sum(v)(或mean(v))	求向量 **v** 元素的和（或平均值）
cumsum(v)(或cumprod(v))	返回一个包含向量 **v** 的元素的累加和（或积）的新向量
prod(v)	返回向量 **v** 的所有元素的积
sort(v)	对向量 **v** 中的元素按升序排列
median(a)	求向量 **a** 的中位数
sd(a)(或var(a))	求向量 **a** 的标准差（或方差）

例 11.13 向量运算示例。

```
>a=c(-4.5,9,8,-2.6,3.3,9.6,5.4,7.2)   #创建向量a
>m=min(a)                              #返回向量a的最小值
>sort(a)                               #按升序排列数组元素值
>cuma=cumsum(a)                        #返回向量a的元素的累加和向量
>b=mean(a)                             #计算向量a各元素的平均值
```

十、集合及其运算

集合是指具有某种共同性质的元素的全体，这些元素之间是互异的，无序的。在 R 中，一维数组可直接执行集合的相关运算，而二维数组有时需先转化为集合或者以一维数组的形式才能执行某些集合运算。对于集合，R 也提供了一些函数，常见的见表 11.8。

表 11.8 集合的运算函数

运算函数	含义
intersect(A,B)	返回集合 A 和 B 的交集
is.element(a,B)	判断数 a 是否属于集合 B
all(A%in%B)	判断集合 A 中的元素是否属于 B，如果属于相应结果为 true，否则为 false
setdiff(A,B)	返回集合 A 和 B 的差集
setxor(A,B)	返回集合 A 和 B 的异或（不在交集中的元素）
union(A,B)	返回集合 A 和 B 的并集

例 11.14 集合运算示例。

```
>A=c(1,3); B=c(1,5,7)          #创建两个数组
>D=intersect(A,B)              #返回A和B的交集
>E1=all(A%in%B)                #判断A中的元素是否属于B
>E2=is.element(3,B)            #判断3是否属于B
```

第四节 R的绘图功能

处理实际问题时，借助图形可以从杂乱的离散数据中观察数据间的内在关系，从而找出数据所隐藏的内在规律。R 中的绘图功能十分强大，但与 MATLAB 相比，R 不能直接使用符号函数进行绘图，在进行一些复杂图形的绘制时十分不便且代码量过多，无形地增加了建模的工作量。所以在选择时应依据具体情况使用软件。

一、数值方法绘图

R 的画图方法为先给出图形中若干个点的坐标数组，即确定图形中的若干个点；然后将 R 所提供的绘图指令作用于这些数组，即将所确定的图形的点用线段（或平面域）连接，得到函数的曲线（或曲面）图形。

例 11.15 绘制函数 $y=\sin x^{\tan x}, x\in[0,2\pi]$ 的图形。

```
>x=seq(0,2*pi,length.out=100)        #创立自变量数组
>y=sin(x)^tan(x)                     #创立因变量数组
>plot(x,y,type="l")                  #画出图像并显示
```

执行指令，得到图 11.3。

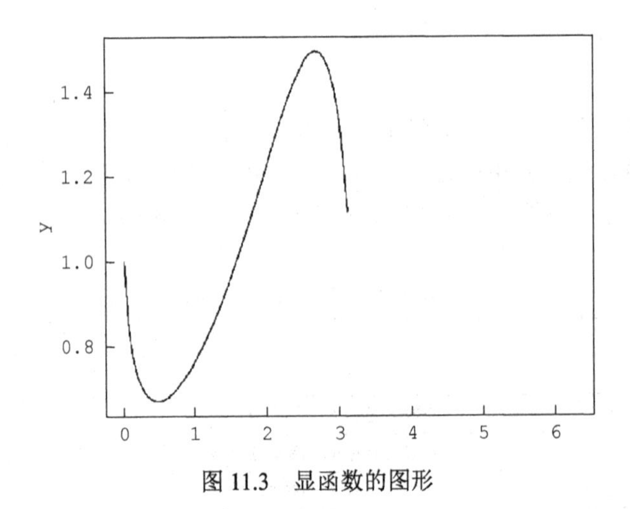

图 11.3 显函数的图形

例 11.16 在$[0,2\pi]$上绘制星形线：$x=\cos^3 t, y=\sin^3 t$。

```
>t=seq(0,2*pi,length.out=1000)          #创立自变量数组
>x=cos(t)^3;y=sin(t)^3                  #创立自变量数组
>plot(x,y,type="l")                     #绘制星形线
```

执行指令，得到图 11.4。

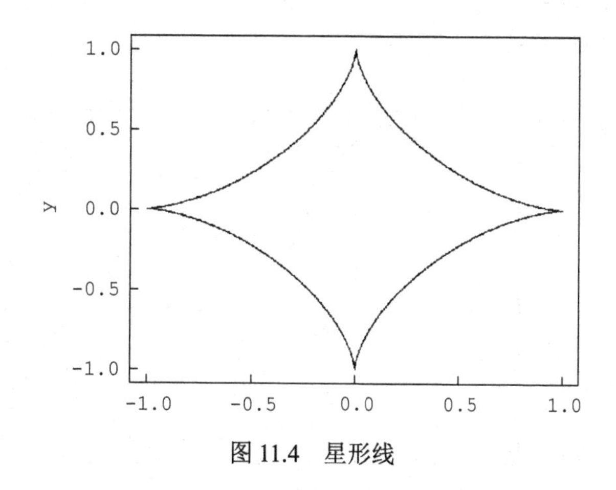

图 11.4　星形线

例 11.17　已知美国 1790～1990 年近两百年的人口统计数据见表 9.16，试绘制其人口统计数量与时间的对应关系图形。

```
>t=seq(1790,1990,10)                           #生成时间数组
>x=c(3.929,5.308,7.240,9.638,12.866,17.069,23.192,31.443,
     38.558,50.156,62.948,75.995,91.972,105.711, 122.755,
     131.669,150.697,179.323,203.212,226.505,248.710)*10^6
>plot(t,x,type="b",col="red",pch=20)           #绘制函数曲线和散点图
```

执行指令，得到图 11.5。

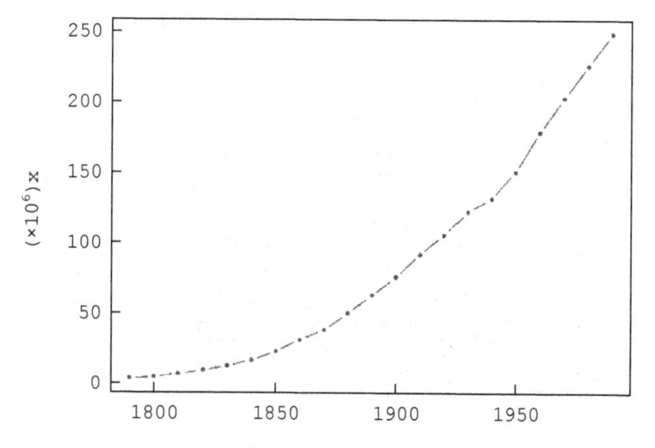

图 11.5　美国人口数量与时间的函数关系图

使用数值方法绘制具有解析表达式的函数图形，需要根据自变量的定义域先将其离散化，再利用解析式求得相应的函数值数组，然后才能使用 plot 指令绘制图形。

例 11.18　数值方法绘制函数曲线示例。

```
>x=seq(0,2*pi,length.out=30);y=sin(x)
>plot(x,y,type="l")                 #生成[0,2π]上 30 个点连成的正弦曲线
```

执行指令，得到图 11.6。

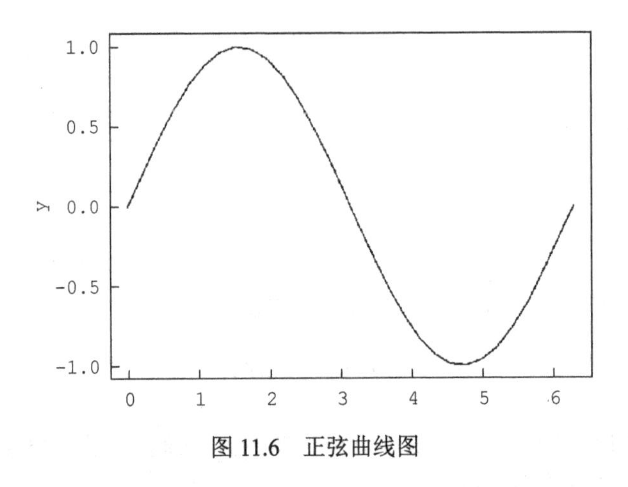

图 11.6　正弦曲线图

在 R 中并不自带绘制三维图的工具，所以需要安装一些包来绘制三维图形。这里选择 scatterplot3d 包，使用 install.packages（“scatterplot3d”）命令即可自动安装，若想绘制可交互旋转三维图，可安装 grl 包。读者可以自由选择。

例 11.19　数值方法绘制三维曲线示例。

```
>t=seq(0,10*pi,pi/50)                           #参数离散化
>scatterplot3d(sin(t),cos(t),t,type="l")        #绘制螺旋线
```

执行指令，得到图 11.7。

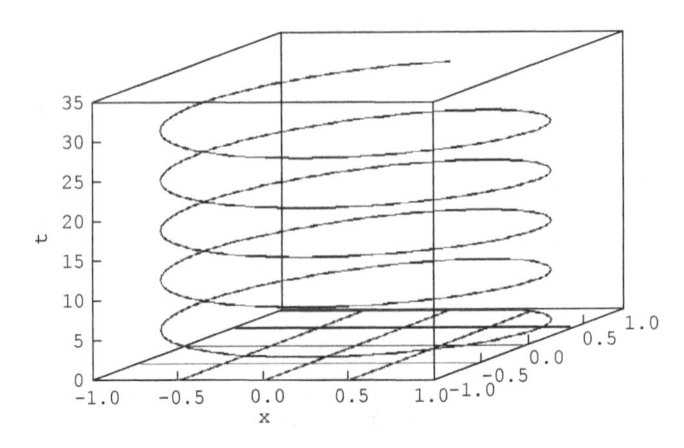

图 11.7　螺旋线

除了上述几个常用的绘制曲线图形的指令外，R 还提供了几个有特殊要求的绘制图形的指令，见表 11.9。

表 11.9　其他常用绘图指令

绘图指令	含义
par(new=true)	在已建立的坐标系中添加新的图形
par(mfrow=c(a,b))	将绘图区分为 a 行 b 列的区块

例 11.20　在同一个坐标系中绘制两条曲线：正弦曲线和余弦曲线示例。

```
>x=seq(0,2*pi,pi/30);plot(x,sin(x),type="l")  #绘制正弦曲线
>par(new=TRUE)                                 #保留正弦图像
>plot(x,cos(x),type="l")                       #增加余弦曲线，并终止继续在
                                                 此坐标系中绘图
```

执行指令，得到图 11.8。

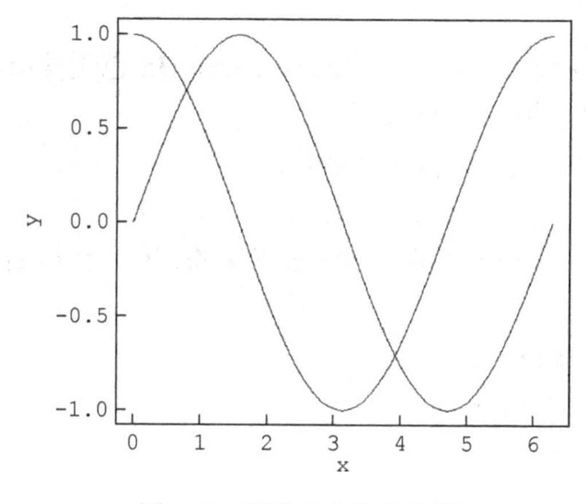

图 11.8　正弦和余弦曲线图

例 11.21　采用不同个数的数据点绘制连续调制波形 $y=\sin t\sin 9t(t\in[0,\pi])$ 的图形并加以比较。

```
>t1=(0:11)/11*pi;y1=sin(t1)*sin(9*t1)        #离散得较少的数据
>t2=(0:100)/100*pi;y2=sin(t2)*sin(9*t2)      #离散得较多的数据
>par(mfrow=c(2,2))                           #将画板分为 2*2 的四部分
>plot(t1,y1,col="red")                       #绘制较少数据的波形散点图
>plot(t2,y2,col="red")                       #绘制较多数据的波形散点图
>plot(t1,y1,col="red",type="b")              #绘制较少数据的波形散点、
                                               曲线图
>plot(t2,y2,col="red",type="b")              #绘制较多数据的波形散点、
                                               曲线图
```

执行指令，得到图 11.9。

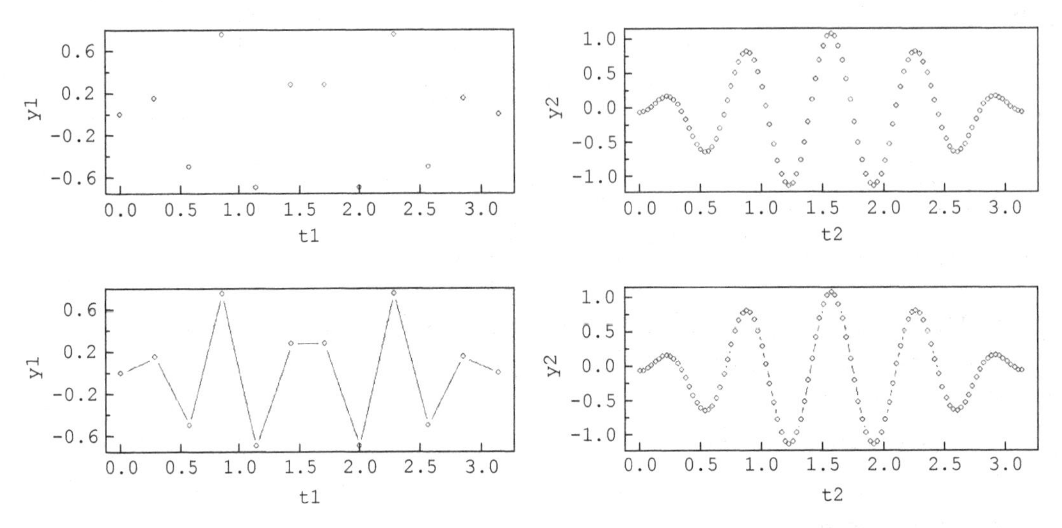

图 11.9　连续调制波形图

R 软件绘制三维曲面较为复杂，上述的 scatterplot3d 包无法绘制出 3D 曲面图，这里用 plotly 包来绘制三维曲面图，方法如下。

步骤 1：将自变量在定义域范围内离散化。

```
x=seq(x1,dx,x2);y=seq(y1,dy,y2)
```

步骤 2：基于离散化的自变量数据，利用 for 循环将 z 变为目标函数的 length x 行 length y 列的矩阵。

```
for(i in 1: length x){
    for(j in 1: length y){
        z[i,j]=f(x[i],y[j])
    }
}
```

步骤 3：将三维曲面绘图指令 plot_ly 作用于离散化数组 z，绘制曲面图。指令使用格式为

```
fig=plot_ly(z=~z)%>%add_surface()
```

例 11.22　绘制曲面 $z=\dfrac{\sin\sqrt{x^2+y^2}}{\sqrt{x^2+y^2}}$，$-7.5\leqslant x\leqslant 7.5, -7.5\leqslant y\leqslant 7.5$ 的网线图和曲面图。

```
>x=seq(-7.5,7.5,0.5); y=x;                    #生成离散化的自变量
>z=matrix(0,nrow=31,ncol=31)
>for(i in 1: 31){                              #初始化 z 矩阵
>for(j in 1: 31){
>z[i][j]=sin(sqrt(x[i]^2+y[j]^2))/sqrt
(x[i]^2+y[j]^2)
```

```
>}                                         #生成目标函数的 z 矩阵
>}
>fig=plot_ly(z=~z)%>%add_surface()         #绘制图像
```

执行指令，得到图 11.10。

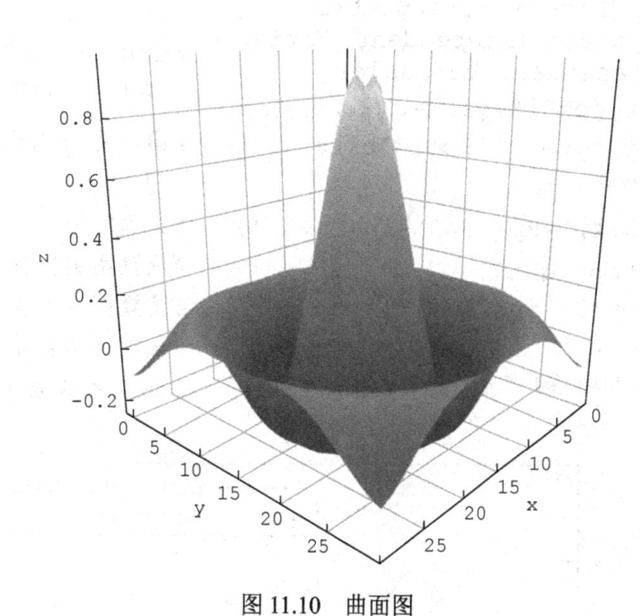

图 11.10　曲面图

二、图形的处理

为了使绘制的图形所表达的信息更清晰，常常要对图形做进一步的处理，常用的处理方法为图形标识和坐标系控制。

图形标识主要包括添加图名、坐标轴名和图形注释等，坐标系控制是指通过控制各坐标的取值范围，实现所表达图形的显示，其 R 指令见表 11.10。

表 11.10　常用的图形处理指令

指令	含义
main('S')	标注图名 S，S 为一字符串，下同
xlab('S')(ylab('S'))	标注横（纵）坐标轴名 S
text(x,y,'S')	在坐标（x，y）处标注字符注释 S
legend('S1','S2',…)	将字符串 S1，S2 标注到图中，各字符串对应的图标与图形的图标对应
xlim/ylim	限定 x 轴和 y 轴的取值范围
lines()	在图中加入曲线

例 11.23　在区间[0,3π]上绘制曲线 $x=e^{-\frac{t}{3}}\sin(2t+3)$ 及其上半部分包络线 $y=e^{-\frac{t}{3}}$ 的图形。

```
>t=seq(0,3*pi,length.out=50) ;x=exp
(-t/3)*sin(2*t+3) ;y=exp(-t+3)                 #函数离散化
>plot(t,x,xlab='Independent Variable           #绘制 t-x 曲线并添加横纵坐标
t',ylab='Dependent Variables                     名称，以及限定 y 轴取值范围
x and y',type="l",ylim=c(-1,1))
>lines(t,y,type='l',col='blue',                #添加 t-y 曲线至图内，线形为
lty=2,ylim=c(-1,1))                              虚线
>text(5,-0.4,'exp(-t/3)sin(2t+3)')             #添加字符串
>legend("topright",                            #设置图例位置为右上角
c("x=exp(-t/3)sin(2t+3)","y=                   #设置图例内容
exp(-t/3)"),                                   #设置图例线形（与曲线线形一
,lty=1: 2,lwd=2)                                 致）并设置图例大小
```

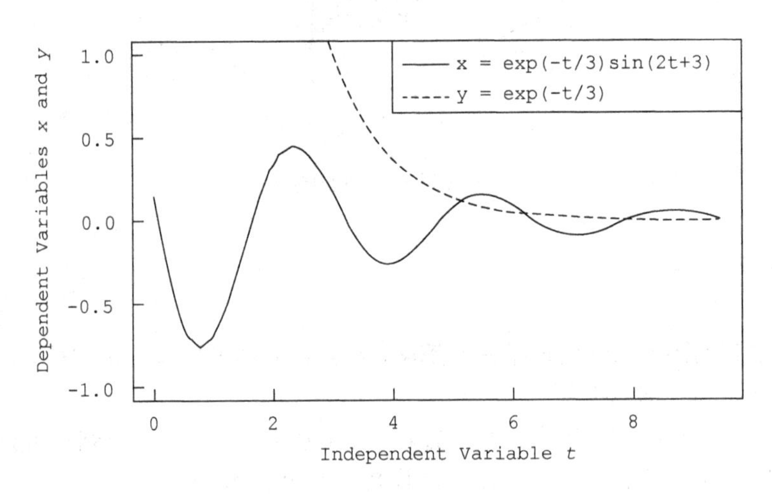

图 11.11　图形标识演示图

除了上述处理指令，R 还提供了几个交互式指令对图形进行交互式处理，如下：

```
x=unlist(locator(1))        #用鼠标从二维图形上获取 1 个点的坐标（x, y）
```

例 11.24　绘制正割曲线 $y=\sec x, x\in[-2\pi,2\pi]$ 的图形。

```
>x=seq(-2*pi,2*pi,pi/100);y=1/cos(x)          #将函数离散化
>plot(x,y,type="l",lty=3,)                    #显示正割曲线的图形
>plot(x,y,type="l",lty=3,ylim=c(-10,10))      #将纵坐标控制在[-10,
                                                10]上显示图形
```

执行指令，得到图 11.12 和图 11.13。

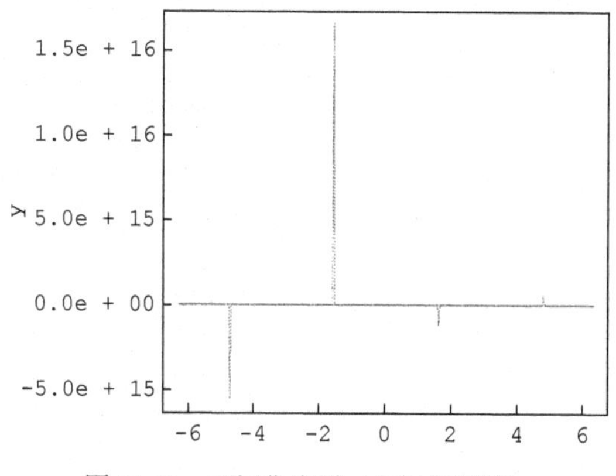

图 11.12　正割曲线图（坐标控制前）

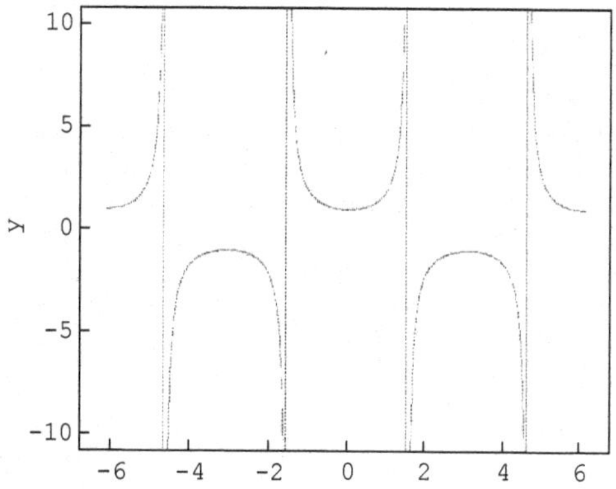

图 11.13　正割曲线图（坐标控制后）

例 11.25　利用图解法近似求解 $\sin x+x+1=0$ 的零点坐标。

```
>x=seq(-2*pi,2*pi,pi/15);y=sin(x)+x+1;
z=array(0,c(1,length(x)))                         #函数离散化
>plot(x,y,type="l"); lines(x,z,type="l")          #绘制函数图形和 x 轴
>x=unlist(locator(1))                             #用鼠标提取满足要求的点的坐标
```

执行指令，得到图 11.14。

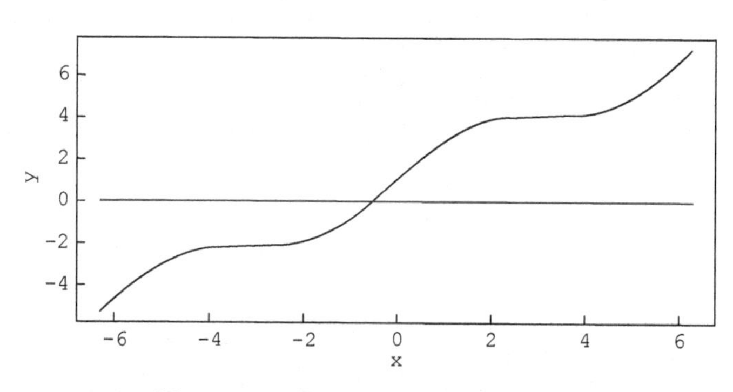

图 11.14　函数 $y=\sin x+x+1$ 的曲线图

如图 11.14 所示，曲线与 x 轴的交点即零点的坐标近似为 $x=-0.5539$，$y=-0.0236$。

第四篇　数学实验的优秀范例

数学实验是运用数学软件解决实际问题的过程,体现了数学理论学习与实践创新相结合的能力。本篇将展示武汉科技大学本科生的数学实验的优秀范例,并邀请专家进行点评。

第十二章　全球变暖问题的研究

第一节　问题重述

本章内容来源于2020年美国大学生数学建模竞赛F题，题目原文如下。

Problem F：The Place I Called Home

Researchers have identified several island nations，such as The Maldives，Tuvalu，Kiribati，and The Marshall Islands，as being at risk of completely disappearing due to rising sea levels. What happens，or what should happen，to an island's population when its nation's land disappears？Not only do these environmentally displaced persons（EDPs）need to relocate，but there is also risk of losing a unique culture，language，and way of life. In this problem，we ask you to look more closely at this issue，in terms of both the need to relocate people and the protection of culture.

There are many considerations and questions to address，to include：Where will these EDPs go？What countries will take them？Given various nations'disproportionate contributions to the green-house gasses both historically and currently that have accelerated climate change linked to the rising seas，should the worst offenders have a higher obligation to address these issues？And，who gets a say in deciding where these nationless EDPs make a new home － the individuals，an intergovernmental organization like the United Nations（UN），or the individual governments of the states absorbing these persons？A more detailed explanation of these issues is given in the Issue Paper beginning on page 3.

As a result of a recent UN ruling that opened the door to the theoretical recognition of EDPs as refugees，the International Climate Migration Foundation（ICM-F）has hired you to advise the UN by developing a model and using it to analyze this multifaceted issue of when，why，and how the UN should step into a role of addressing the increasing challenge of EDPs. The ICM-F plans to brief the UN on guidance for how the UN should generate a systemized response for EDPs，especially in consideration of the desire to preserve cultural heritage. Your assignment is to develop a model（or set of models）and use your model（s）to provide the analysis to support this briefing. The ICM-F is especially interested in understanding the scope of the issue of EDPs. For example，how many people are currently at risk of becoming EDPs；what is the value of the cultures of at-risk nations；how are those answers likely to change over time？Furthermore，how should the world respond with an international policy that specifically focuses on protecting the rights of persons whose nations have disappeared in the face of climate change while also aiming to preserve culture？Based on your analysis，what recommendations can you offer on this matter, and what are the implications of accepting or rejecting your recommendations?

This problem is extremely complex. We understand that your submission will not be able to fully consider all of the aspects described in the Issue Paper beginning on page 3. However, considering the aspects that you address, synthesize your work into a cohesive answer to the ICM-F as they advise the UN. At a minimum, your team's paper should include:

• An analysis of the scope of the issue in terms of both the number of people at risk and the risk of loss of culture;

• Proposed policies to address EDPs in terms of both human rights (being able to resettle and participate fully in life in their new home) and cultural preservation;

• A description of the development of a model used to measure the potential impact of proposed policies;

• An explanation of how your model was used to design and/or improve your proposed policies;

• An explanation, backed by your analysis, of the importance of implementing your proposed policies.

The ICM-F consists of interdisciplinary judges including mathematicians, climate scientists, and experts in refugee migration to review your work. Therefore, your paper should be written for a scientifically literate yet diverse audience.

第二节　优秀论文展示

作者：唐诗、刘朕、罗明灵

指导教师：王文波

Summary

Due to rising sea levels caused by global warming, make tens even hundreds of millions of people are going to be homeless, in order to protect the people affected by climate change, we established a CGE model extension model and other models to handle EDPs reasonable placement, etc.

On the scale of the EDPs prediction problem, we use the Logistic model analysis by rising sea levels under different altitudes of indigenous people become EDP probability. The EDPs population estimate under the rising sea level is obtained by connecting the population distribution at all elevations in the world.

For countries to EDPs liability issues, we investigated the main motors of the rise in sea water for global warming, the greenhouse gas emissions associated with a rise in sea level height.

In order to solve the placement of EDPs, we calculate the Sharpley value of the responsibility for the sea level rise of each country based on its cumulative greenhouse gas emissions since 1850. And selected the EDP in moved in the degree of environmental adaptation and affordability of all countries related six important indicators，according to the index weight determination of the EDPs population proportion of countries should be properly placed. Considering EDPs of basic rights and cultural protection problem，we introduce the origin and movement between the concept of fitness，the climate in the country，the distance between the countries，the national religious culture origin and movement between the fitness of matrix，use the Hungarian Algorithm calculation to solve the biggest fitness matching scheme.

Finally，considering the uncertainty of policy making and implementation，we built a hybrid model of energy economy-environment based on KAYA equation and CGE model，and optimized the combination to get the optimal solution. From the analysis of China，the core is to adapt measures by local conditions.

Keywords：EDPs assignment，Shapley value，Hungarian Algorithm，hierarchical analysis，CGE Mode.

1 Introduction

1.1 Problem Background

According to the Intergovernmental Panel on Climate Change（IPCC）statistics，by 2100，rising global temperatures may exceed the pre-industrial temperature 3℃，the average global sea level rise is expected between 1 to 4 feet or higher，some island countries face the danger of disappear completely. The disappearance of the island will cause a lot of people lost their homes to become environmentally displaced（EDPs：people who must relocate as their homeland becomes uninhabitable due to climate change events.）In addition，large population movements may entail the risk of loss of cultural heritage in the country of origin，including customs，languages，lifestyles and values.

Large emissions of greenhouse gases are the main cause of rising global temperatures，and the severity of the problem varies from country to country. In a world where nationalism is more popular than globalism，the urgency and rationality of EDPs placement should be emphasized.

1.2 Our Work

In order to finally provide the ICM-F with recommendations for optimization and sustain-able development，we developed a series of Models. From the results of each Model we propose the proposed policy，and further improve the implementation of the policy by utilizing the energy economy-environment hybrid Model based on the KAYA Equation and the CGE Model. Finally, we provide a comprehensive analysis of the above Models, including sensitivity analysis and an assessment of their strengths and weaknesses.

We also solved the following tasks:

In low altitude area by the number of people each year, as well as the trend of rising sea levels, predicting EDPs population.

Identifying key factors affecting sea level rise.

Analyzing the responsibility and capability of countries in assisting EDPs, and determine the proportion of EDPs population in each country.

The adaptation between the country of origin and the country of destination is analyzed, and the distribution scheme is given in terms of protecting EDPs rights and culture.

2　Preparation of the Models

In order to simplify the given problem and modify it to better simulate the real situation, we make the following basic assumptions, each of which is proved appropriately.

We assume that the migration attribute of EDPs can only be international migration. It is clear that countries of origin are at risk of complete disappearance as a result of sea-level rise and that internal migration is impossible.So it is pragmatic to make such an assumption.

The world's responsibility for the EDPs can be measured in terms of historical responsibility for sea-level rise. Due to the largest country in the greenhouse gas emissions are often affected by climate change's smallest country, therefore, a global approach to climate change migration will ensure that those countries that emit large amounts of greenhouse gases are held responsible for the climate change they cause, and are compensated for the sea-level rise that climate change brings. This is one kind accord with the requirement of legal fairness and efficiency.

We should take the principle of fair to solve EDPs of resettlement problems. Each EDP is part of a cultural heritage that protects both culture and individual human rights.

Sea level rise is determined by the thermal expansion of seawater and the loss of land ice. Although there is a great deal of uncertainty in ignoring the spatial warming patterns and climate sensitivity of the ocean, this assumption is necessary because it cannot be quantified depending on ocean ventilation and surface ice.

3　Notations

The primary notations used in this paper are listed in Table 12.1.

Table 12.1　Notations

Symbol	Definition
g	Population migration rate
E_{le}	Altitude
EDP	Range of EDPs
P_{LECZ}	Coastal population
SL_i	Sea level in year i
Y_i	Consecutive years i since 1960
$I_{emissions}$	Cumulative carbon dioxide emissions
w	Matrix maximum eigenvalue
λ_{max}	Feature vector
W_i	The weight obtained from the normalization of W
CI	Consistency indicator
F_{ij}	matching degree
F_C, F_D, F_P, F_R	matching degree in climate，distance，race and religion

4　Model 1：International EDPs Population Projections

4.1　Problem Analysis

On the issue of international EDPs population prediction，we consider two aspects. On the one hand，we believe that the scale of EDPs will continue to increase with the rise of sea level. On the other hand，we believe that EDPs mainly come from low-altitude areas，such as Tuvalu，Maldives，Nauru and other island countries. A reasonable guess is that the size of EDPs is closely related to the total population of these low-altitude areas. To this end，we consulted the population data of the global low-altitude regions to establish the relevant prediction model.

4.2　Model Building

At the same time，the pressure from sea level rise will lead to a certain probability of population migration in these low-altitude areas，and this probability will also change with the change in the altitude of different areas. We call the probability of migration the population migration rate，the population migration rate is expressed as g. It is assumed that the relation between g value and altitude E_{le} conforms to the change law of logistics function，and the difference only lies in the direction of change. For the Logistics function of variation，the value of g of its independent variable decreases with the increase of E_{le}，and the maximum value of the independent variable is 1. The rationality of the guess is that when the altitude is lower than a threshold，rising sea levels will lead to serious survival oppression，population mobility in certain altitude range will be at a higher level. When the altitude higher than a threshold，due to the largely disappeared from sea level pressure，population migration probability with the increasing of altitude index decline. Logistics Equation：

$$\frac{dP}{dt}=rP\left(1-\frac{P}{k}\right)$$

We assume that population migration rate still has an effect that cannot be ignored within the range of altitude 0-20 m. The functional relationship between population migration rate and altitude is as follows：

$$\begin{cases} g(E'_{le})=\dfrac{KP_0e^{rt}}{K+P_0\left(e^{rt}-1\right)} \\ E'_{le}=20-E_{le} \end{cases}$$

Among them：

maximum migration rate K： K=1

minimum migration rate g_0： g_0=0.001

rate of changer： r varies with annual sea level rise.

In order to simplify calculation，we divided the altitude into N intervals of 0-1m，1-2 m，…，19-20 m，etc.，and estimated the population of EDPs each year. The average elevation of each interval was taken as $E_{le}[N]$，and the population of each altitude interval was denoted as $P_{LECZ}[N]$

Calculation formula of annual EDPs population data：

$$\begin{cases} E_{le}[n]'=20-E_{le}[n] \\ EDP=\sum_{n=1}^{N}P_{LECZ}[n]\times g\left(E_{le}[n]'\right) \end{cases} \tag{12.1}$$

4.3 Model Solution

Logistics function reflects the change rate of r to low altitude to sea level rise pressure to survive，in order to determine the r value，we try to existing EDPs data（Table 12.2），and a year of low altitude population data is forecasted. Assuming that the sea level rises at a constant rate of 5.2 mm per year，2000 is taken as the zero point of sea level to obtain the relative sea level data SL（mm）from 2000 to 2050，and the function relationship between r value and SL is fitted twice：

Table12.2 Global EDP Statistics in Recent Years

Year	EDPs（Mili.）	r
2003	20.00[https://www.unhcr.org/]	0.216
2005	19.20[https://www.unhcr.org/]	0.212
2007	37.40[https://www.unhcr.org/]	0.255
2015	65.00[https://www.unenvironment.org/]	0.277
2016	62.00[https://www.unhcr.org/]	0.282

$$r(SL) = -0.23\times SL^2+1.3\times SL+1.9$$

According to Formula（12.1），the predicted EDPs population by 2050 is as follows（Table12.3）：

Table12.3　Estimated EDP Value in 2020～2050

Year	r	EDPs（per）
2020	0.300 323 2	81 377 627.38
2021	0.304 533 328	86 929 581.44
2022	0.308 619 072	92 627 691.95
2023	0.312 580 432	98 454 963.06
2024	0.316 417 408	104 393 320.8
2025.	0.320 13	110 423 809.3
⋮	⋮	⋮
2050	0.372 52	235 966 796.7

The data shows that without concerted global action，a series of environmental problems caused by rising sea levels， such as floods and tsunamis， will force more people to move in the future. The size of the EDPs is expected to more than triple from 2020 to 23.6 million by 2050. Under the severe situation，we need to pay attention to these low-altitude areas，on the one hand，we need to carry out the restoration of the global climate environment，on the other hand， we need to carry out the reasonable placement of EDPs. In this background， the placement of EDPs will become a long-term international issue.

5　Model 2：Reasonable Distribution of EDPs

There are two interpretations of the principle of common but differentiated liability，whether it is based on historical emissions of greenhouse gases or on economic capacity. The former is similar to the polluter pays principle， while the latter is generally regarded as a fundamental principle of domestic environmental management and an incentive principle to reduce pollution. Conversely，a principle based on economic capacity may produce a plausible justification，such as support，aid，or generosity，that weakens the moral implications of the concept of responsibility. The significance of the principle of common but differentiated responsibilities in EDPs migration and protection should be clarified. It should stipulate that countries have a responsibility to help with the migration of EDPs in proportion to their historical responsibility for sea-level rise and their ability to accept EDPs.

5.1　Problem Analysis

To get a fair measure of responsibility，first analyze Human Factor in sea level rise based on international research on global warming, we determine that the positive radiative forcing of greenhouse gas intensity is the most important factor contributing to global warming and sea level rise（Figure12.1）.

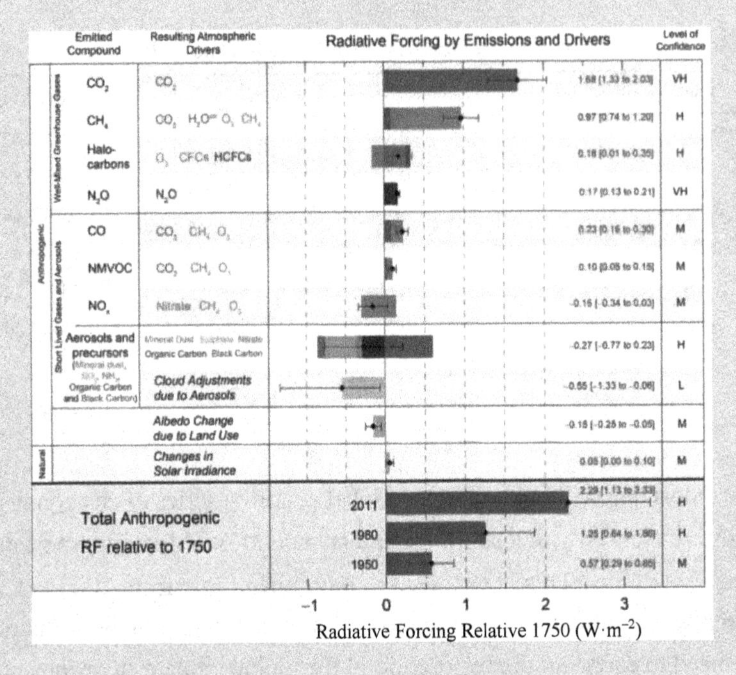

Figure12.1　Radiation Force

We therefore modeled the cumulative rise in sea level over a given period and the cumulative human emissions of greenhouse gases over that period to measure countries' responsibility to the EDPs population. To this end, we established a mathematical model of carbon dioxide's influence on sea level rise, as an input-output transfer model in the subsequent responsibility allocation, mainly considering the impact of cumulative carbon emissions in the earth environment since 1960 on the thermal expansion of seawater.

5.2　Model Building

Our aim is to explore how steric sea level rise is connected to cumulative carbon emissions. We discussed in the 30-80 years, within the scope of the crustal movement and other address factors have less effect on the rise in sea level, sea level rise of the main driving factor for the thermal expansion of the water and ice sheets（ice sheet）of the melt, the two jointly by the upper ocean and air temperature near ground thermal circulation influence, through certain weighted average coefficients can be transferred to the accumulative total greenhouse gas emissions（Gt CO_2-eq）directly affect, below the total greenhouse gas emissions and sea level during the relative rise of modeling.

$$\Delta \mathrm{SL} = \mathrm{SL}(t) - \mathrm{SL}(T_0) = -\frac{1}{\rho_0}\int_{-D}^{0} \overline{\Delta\rho(z)}^A \mathrm{d}z$$

where D is the maximum ocean depth concerned to be, ρ_0 is reference density, taken 1026 $\mathrm{kg \cdot m^{-3}}$ from global average over the upper 100 m, and the overbar represents as a global average over ocean area A, such that $\overline{\Delta\rho(z)}^A = \frac{1}{A}\mathrm{int}_a \Delta\rho(z)\mathrm{d}A$ It is noted that the stratified thermal convection of sea level leads to the temperature change of seawater on a global scale, which can be ignored at a certain depth. At this maximum depth D, the Pacific Ocean is about 2100 meters deep. The linear approximate equation of state can be used to evaluate the density of the global ocean. $\Delta \mathrm{SL} = \alpha\rho_0\Delta T + \beta\rho_0\Delta S$ so that the steric sea level change is then related to the global, volume-weighted changes in ocean temperature, $\Delta T_{\mathrm{ocean}}$, and salinity, $\Delta S_{\mathrm{ocean}}$

$$\Delta \mathrm{SL} = \int_{-D}^{0}\left(\overline{\alpha(z)}^A\overline{\Delta T(z)}^A - \overline{\beta(z)}^A\overline{\Delta S(z)}^A\right)\mathrm{d}z = \overline{\alpha}^V D\Delta T_{\mathrm{ocean}} - \overline{\beta}D\Delta S_{\mathrm{ocean}}$$

Considering the dynamic equilibrium relationship of global water cycle, the change of continental water resources reserves during the period from 1960 to 2018 is investigated, and ocean in the world generally has a certain trend of desalination, but there is no significant salinity change, then

$$\Delta \mathrm{SL} = -\frac{1}{\rho_0}\int_{-D}^{0}\overline{\Delta\rho(z)}^A\mathrm{d}z \approx \overline{\alpha}^V D\Delta T_{\mathrm{ocean}}$$

where a global-mean value of $\overline{\alpha}^V = 1.572 \pm 0.147 * 10^{-4}\mathrm{K}^{-1}$

The radiative heat flux at the sea surface increases logarithmically with increasing atmospheric CO_2:

$$F(t) = a\ln(CO_2(t)/CO_2(t_0))$$

where $a = 5.35\mathrm{W \cdot m^{-2}}$ assuming an adjustment of only the upper atmosphere, the stratosphere. The resulting heat input then leads to a surface warming, represented by

$$\Delta T_{\mathrm{surface}}(t) = \Delta T_{\mathrm{surface:2\times CO_2}}\frac{\ln(\mathrm{CO_2}(t))/\mathrm{CO_2}(t_0)}{\ln 2}$$

where the climate sensitivity, ǎ $\Delta T_{\mathrm{surface:2\times CO_2}}$, is the increase of surface temperature which is double CO_2 in the atmosphere, ǎ and varies from 2K to 4.5K, with a mean of 3K, from a range of climate models. Similarly, given the relationship between ocean temperature and carbon dioxide concentration,

$$\Delta T_{\mathrm{ocean}}(t) = \Delta T_{\mathrm{ocean:2\times CO_2}}\frac{\ln(\mathrm{CO_2}(t))/\mathrm{CO_2}(t_0)}{\ln 2}$$

the climate sensitivity, ǎ $\Delta T_{\mathrm{ocean:2\times CO_2}}$, is the ocean temperature increase for a doubling of atmospheric CO_2 and related to $\Delta T_{\mathrm{surface:2\times CO_2}}$ by a fixed coefficient γ which is 0.25 to 0.3 for GENIE and 0.4 to 0.6 for earth system model for a timescale of 500 to 1000 years.

In the two research models, the ratio of the sensitivity of the atmosphere to the carbon dioxide concentration of the ocean varies with the changes of ocean currents and ice sheets in the long-time range, which is not significant on the time scale discussed in this question. Speculate it $\Delta T_{\text{surface:}2\times CO_2}$ between 0.75k to 1.24k

The concentration of carbon dioxide in the atmosphere mainly depends on the historical accumulation of carbon dioxide emissions.

$$CO_2(t) = a \cdot I_{\text{emissions}}(t) + CO_2(t_0)$$

where a is a convert factor for gas emissions to concentration（Gt $CO_2 \cdot ppm^{-1}$）, $I_{\text{emissions}}(t)$ is cumulative emissions of greenhouse gases from year 1959.

5.3 Model Solution

The results show that $CO_2(t_0)$=314.259 24(ppm), a=0.000 049(Gt $CO_2 \cdot ppm^{-1}$)

The derived formula of the height of sea level rise and the cumulative greenhouse gas emissions is obtained:

$$\Delta SL \approx \bar{\alpha}^V \cdot D \cdot \Delta T_{\text{ocean:}2\times CO_2} \ln(a \cdot I_{\text{emissions}}(t) + CO_2(t_0)) / CO_2(t_0) \ln 2$$

where $\bar{\alpha}^V = 1.572 \pm 0.417 * 10^{-4} K^{-1} D = 2\,100(m) \Delta T_{ocean:2\times CO_2} = (0.74, 1.24)k; a = 0.000\,049$ (ppm/ Gt CO_2-eq); That is, the height of sea level rise in a given period is positively correlated with the amount of cumulative global carbon emissions during that period, and the rise in sea level caused by each unit of greenhouse gas emissions increases with the increase in total emissions(Figure12.2).

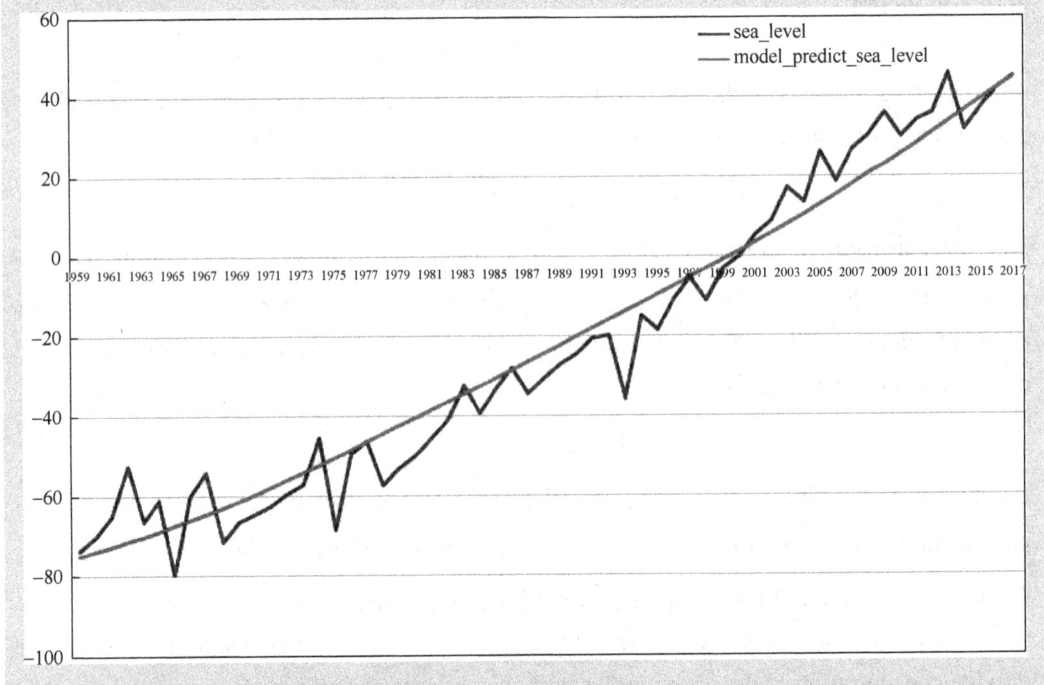

Figure12.2　Observed Sea Level and Model Predicted Sea Level

5.4 Time Series Prediction

Considering that the sea level height in each year is not completely independent, we also used the time series model to predict the sea level height, and set the 95% confidence space to obtain the following results. The LCL line is 95% confidence space, the Observed-sea-level line is the actual observed value, the model_predict_sea_level line is the prediction of the above model, and the Timeseries_predict line is the prediction of the time series model. The observed time series prediction for the period of 2018-2050 is consistent with our theoretical model of the near smooth transition trend(Figure12.3).

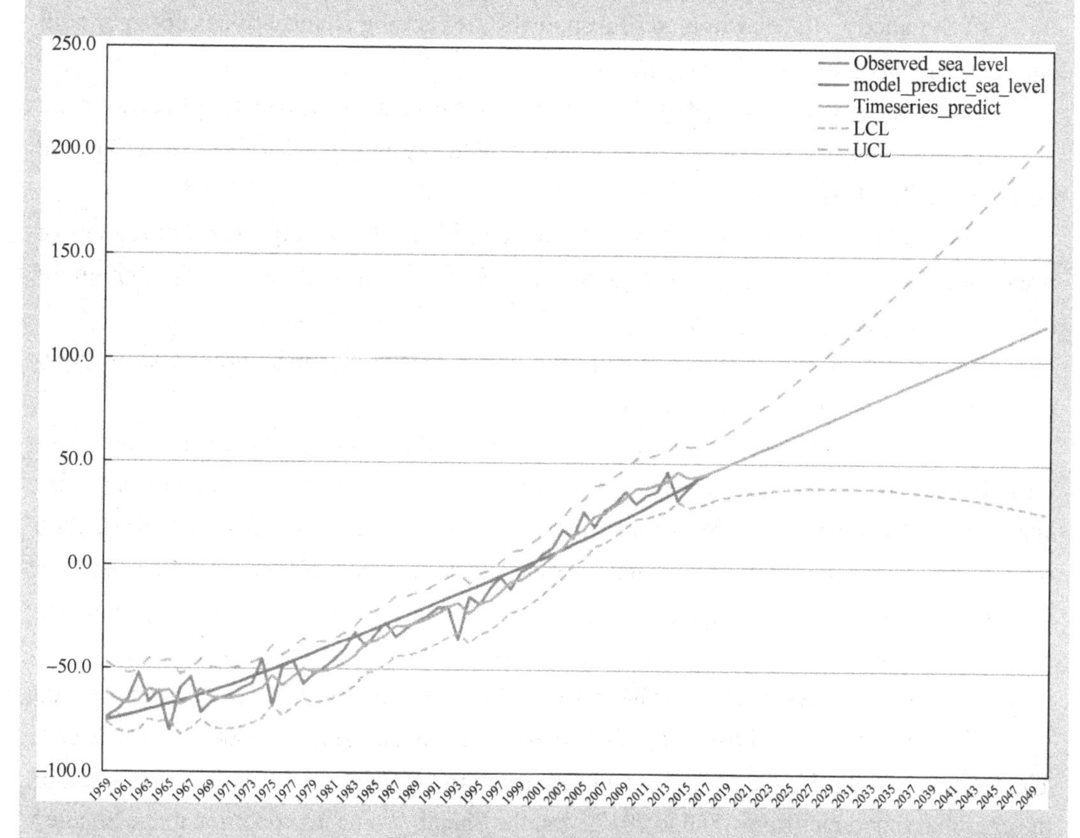

Figure12.3 Time Series Predict

6 Model 3: Responsibilities and Capabilities

6.1 Responsibility

(1) The state environmental protection investment: Can be obtained by the model 2 analysis, CO_2 for the rise in sea level has a direct impact, so we think that a country will be in the CO_2 emissions on the global EDPs acceptance of responsibility.

(2) National environmental investment: the impact of a country's historical total carbon

emissions on climate change is undoubtedly huge，but we cannot ignore the contribution of some countries to environmental protection over the years. Greenhouse gas emissions are something that countries have to do in the course of their industrial development. Even "victimized small island states" like Tuvalu emit greenhouse gases to a greater or lesser extent.Therefore，in an objective analysis，we should not only consider the CO_2 emissions of each country，but also consider the intensity of national environmental investment as one of the indicators.

In order to propose a fair burden-sharing scheme，we propose the following four axioms for the word fairness.

（1）Symmetry：the distribution of responsibilities among countries does not vary with each person's mark or order in cooperation.

（2）Effectiveness：the sum of the benefits of countries equals the benefits of cooperation.

（3）Redundancy：a country should not be held responsible if it does not affect the height of sea level rise in consideration.

（4）Additivity：when national groups are considered separately，the distribution of responsibilities within each national group should not be related to the distribution of responsibilities among other groups.

Any assignment problem that satisfies the above axioms has been proved to be fairly distributable by the Shapley Value Method.

Essentially，the Shapley value is the average expected marginal contribution of one player after all possible combinations have been considered. While not perfect，this has proven a fair approach to allocating value. In our distribution method，in order to make the distribution scheme fair，the carbon dioxide emissions of each country are taken as input and the rise of sea level as negative output in the sense of punishment. Sharpley model is applied to calculate the Shapley distribution rate of each country. Thus，most countries are willing to accept the notary nature of the scheme. In model 1，we have demonstrated and explored the relationship between the height of global sea level rise and global cumulative greenhouse gas emissions（Gt CO_2-eq）. The following is the Shapley value calculated according to the greenhouse gas emissions of major global economies from 1850 to 2017，and the Shapley value in proportion to the Shapley value to calculate the country's responsibility for sea level rise.

6.2 Ability

We believe that EDPs should have the basic rights of protection，namely the right to life，the right to freedom of migration，the right to environment，to ensure the basic production and life of EDPs under the action of migration. Therefore，we propose the concept of national EDPs environmental acceptability. The obstacle factors affecting EDPs environmental acceptability are discussed from four aspects：material capital and financial capital in living development level，living ecological environment and environmental perception in living space，neighborhood communication and social integration in social communication space，etc.

（1）Natural capital：the comfort of a refugee's living space in the country of entry is based on owning a piece of land. At a time when we have just lost our ancestral home，we know from moving to a new country that they are longing for a place to live. In addition to the impact of the national environmental investment on the living environment discussed above，the impact of countries with high population density on their resettlement is undoubtedly negative. Therefore，we can include the population density of each country as one of the obstacles（Table12.4）.

Table12.4　Shapley_rate of Different Country and Region

Country and Region	SUM	Shapley_rate
World	2 430 694.00	100.00%
United States	585 906.00	31.24%
European Union（27）	384 312.00	20.45%
China	298 538.80	15.85%
Russia	154 926.00	8.14%
Least Developed Countries	70 943.90	3.62%
India	103 533.20	5.38%
United Kingdom	97 118.00	5.03%
Japan	74 856.90	3.83%
Ukraine	45 175.60	2.24%
Canada	44 117.90	2.18%
Brazil	41 734.69	2.05%

（2）Financial capital：whether immigrants can have a normal livelihood development is the precondition for them to accept the environment of the country of entry. In our model，many indicators，such as national GDP per capita，employment opportunities，and Engel's coefficient，are taken into account. National strength can measure domestic employment opportunities，employment is a necessary prerequisite for personal sustainable development. Engel's coefficient can measure the degree of wealth and poverty of a family to some extent. In addition，access to national life-enhancing services such as primary health care，referral systems，specialized health services，psychosocial medical units and child health support is needed to deal with trauma in desirable destinations.

（3）Cultural acceptance：different regions have different beliefs，which can lead to misunder-standings，conflicts and discrimination. Whether culture is inclusive or not makes a difference. In addition，as the official languages，customs，rituals and so on vary from place to place, it may become a burden of communication between immigrants and local residents, thus affecting the acceptance of culture. In order to simplify the model and improve the effectiveness of the model, we chose several key indicators in the comprehensive evaluation index: the historical total carbon dioxide emissions, the total amount of domestic environmental investment in GDP, the population density of the country of immigration, the employment rate, the per capita GDP, and the Engel coefficient.

6.3 Model Solution

In order to make a reasonable allocation of world EDPs, we establish a judgment matrix of each element for relevant indicators (Table12.5):

Table12.5 Judgment Matrix

Indicator	CO_2	per capita GDP	employ	pop. density	Engel coe.	env. protection
CO_2	1	3	2	5	4	3
per capita GDP	1/3	1	1/2	3	1	2
employ	1/2	2	1	4	2	3
pop. density	1/5	1/3	1/4	1	1/3	1/4
Engel coe.	1/4	1	1/2	3	1	1/2
env. protection	1/3	1/2	1/3	4	2	1

By calculation, the judgment matrix has good consistency and the corresponding weights of each element are obtained.

Feature vector *W*:

$$\overline{W_i} = \sqrt[n]{M_i} = \sqrt[n]{\Pi B_i}$$

The weight obtained from the normalization of *W*:

$$W_i = \frac{\overline{W_i}}{\sum \overline{W_i}}$$

Matrix maximum eigenvalue $\lambda_{\max}$:

$$\lambda_{\max} = \sum \frac{(BW)_i}{nW_i}$$

Consistency indicator CI

$$\text{CI}=(\lambda_{\max} - n)(n-1)$$

The calculation results are as follows (Table12.6):

Table12.6　Eigenvalue

Indicator	CO_2	per capita GDP	employ	pop. density	Engel coe.	env.protection
Weight	0.358 6	0.045 7	0.231	0.137 5	0.103	0.124 3

CONSISTENCY INDICATOR：CI=0.052 8，CR=0.041 9<0.1

We turn to the various countries related index data，has carried on the weighted score to countries. For preliminary sure should be EDPs into more countries in these countries，we take the factor weights on the basis of the history of CO_2 emissions greatly，the top 15 countries ranked，to other elements of the weighted 15 countries，after we got the updated list，to be sure. As countries environmental protection investment accounted for the data is incomplete，we are here in addition to the conservative of the indicators，to get the final result of the deviations can be expected（Table12.7）.

By the above data，we in Canada，for example，from 1960 to 2018，the historical total CO_2 emissions compared with India is less，but its population density is small，the employment rate，per capita GDP are at a higher level，in other words，Canada has certain responsibility EDPs population in the world，and its ability to undertake the EDPs is located in the world，its comprehensive ranking is relatively high. Through this model，the global EDPs population can be roughly the allocation quantity. Considering the national actual situation，we think that there is another solution：countries with higher rankings can not as a move，but rather to provide funds，technology and other aspects of the aid will be EDPs has certain conditions of population migration to other countries，such EDPs resettlement plan can better solve the problem of EDPs own ethnic culture protection.

7　Model 4：EDPs Cultural Preservation Issues

7.1　Problem Analysis

The distribution of EDPs population proposed by Model 2 is only in quantity. For EDPs from different regions，which countries they are settled in can best satisfy the EDP's survival and cultural rights.

To this end，we define the inter-country fitness F_{ij} from four indicators that are easy to quantify or investigate to measure the matching degree between the countries of emigration and the countries of immigration. These four indicators are climate，distance，race and religion.

Take climate as an example：climate differences between countries of departure and countries of arrival will affect the environmental adaptability of EDPs living in countries of entry.

Table12.7 The Result of Model 2

Country	CO_2	Z_{CO_2}	Z_{pop}	Z_{emp}	Z_{GDP}	$Z_{Engel\ coe.}$	$Z_{env.protection}$	Score	RANK
United States of America	288 749.22	11.047 73	−0.145 33	−2.608 49	208 025	0	0	3.638 547 58	1
China	205 895.28	7.812 69	−0.367 33	0.812 88	−0.531 05	0	0	2.899 599 56	2
Russian Federation	99 867.74	3.672 84	0.743 31	−0.520 38	−0.275 02	0	0	1.193 026 66	3
Germany	55 859.12	1.954 51	−0.393 9	0.528 58	1.532 22	0	0	1.015 668 29	4
Japan	57 992.98	2.037 83	−0.407 86	0.165 86	1.729 37	0	0	0.988 228 67	5
Canada	26 456.89	0.806 5	2.140 75	0.891 31	1.603 63	0	0	0.813 434 91	6
India	48 218.3	1.656 18	−0.414 74	0.381 53	−0.575 58	0	0	0.583 943 71	7
France	23 858	0.705 03	−0.352 85	0.548 19	1.456 58	0	0	0.562 610 15	8
Italy	21 634.12	0.618 2	−0.387 23	0.165 86	1.157 75	0	0	0.401 494 39	9
Mexico	17 744.44	0.466 32	−0.281 07	−0.020 41	−0.157 29	0	0	0.128 035 37	10
Poland	20 263.18	0.564 67	−0.353 9	−0.412 54	−0.214 08	0	0	0.064 284 69	11
United Kingdom	33 309.8	1.074 07	−0.399 73	−2.334	1.489 52	0	0	0.032 548 84	12
South Korea	16 431.48	0.415 06	−0.418 17	−1.167 4	0.334 99	0	0	−0.093 878 1	13
South Africa	18 046.48	0.478 12	−0.215 03	−0.814 48	−0.598 02	0	0	−0.108 745 7	14
Ukraine	25 637.48	0.774 51	−0.303 26	−2.334	−0.520 45	0	0	−0.346 835 6	15
⋮	⋮	⋮	⋮	⋮	⋮	⋮	⋮	⋮	⋮

7.2 Model Building

We ranked them according to the differences of climatic conditions in different countries. The closer the climatic conditions were, the higher the fitness between them. The climatic fitness was marked by F_C. Of course, climate-induced environmental adaptation is limited, so we need a variety of indicators to measure the fitness between countries of origin and countries of entry.

For this reason, we select four levels of climate, distance, race and religion to measure the matching degree of an incoming country and an outgoing country, corresponding symbols are F_C, F_D, F_P and F_R, respectively.

For the convenience of calculation, we divided the fitness into 5 grades: 1-5. This paper tries to calculate F_{ij}, and uses the Hungarian algorithm to match the countries of departure with the countries of entry. Here in order to simplify the calculation, we only choose five suffering severe low altitude countries (Tuvalu, Maldives, Kiribati, Marshall Islands, Douban), and model 2 conclusions in the top five countries settle (United States of America, China, the Russian Federation, Germany, Japan) EDPs culture protection problem analysis.

7.3 Model Solution

When we checked the four indicators, we found that due to the incomparability of ethnic differences between countries (it was almost impossible to find the similarity between any country that moved in and one country that moved out), we decided to remove this indicator. For climate, distance and religion, we used the method of model 2 to calculate the weight (Table12.8).

Table12.8　F_C, F_D, F_R, judgment matrix and its weight

Index	climatic	distance	religious	weight
climatic	1	0.5	0.25	0.142 9
distance	2	1	0.5	0.285 7
religious	4	2	1	0.571 4

The actual situation of three indicators in 10 countries was investigated to obtain their fitness matrix:

$$F_{Cij}=\begin{Bmatrix}3&2&3&2&3\\2&3&2&3&2\\1&1&1&1&1\\2&2&2&1&2\\2&3&2&2&3\end{Bmatrix};F_{Dij}=\begin{Bmatrix}3&5&3&2&4\\2&1&2&1&2\\4&2&4&4&3\\5&4&5&5&5\\1&3&2&2&1\end{Bmatrix};F_{Rij}=\begin{Bmatrix}4&1&5&4&5\\1&1&1&1&1\\2&1&2&2&2\\4&1&5&4&5\\1&1&1&1&1\end{Bmatrix}$$

F_{Cij}, F_{Dij} and F_{Rij} were standardized and weighted to calculate F_{ij} (Table12.9).

$$F_{ij}=F_{Cij}\cdot F_{Ce}+F_{Dij}\cdot F_{De}+F_{Rij}\cdot F_{Re}$$

Table12.9 The calculation result of F_{ij}

F_{ij}	Tuvalu	Maldives	Kiribati	Marshall Islands	Douban
United States of America	0.81	−0.06	1.16	0.41	1.36
China	−0.65	−0.64	−0.65	−0.64	−0.65
Russian Federation	−0.11	−0.85	−0.11	−0.11	−0.30
Germany	1.00	−0.26	1.35	0.80	1.35
Japan	−0.84	−0.25	−0.65	−0.84	−0.64

In order to get the matching relationship between countries, we use the Hungarian Algorithm, to calculate the maximum match fitness matrix solution:

$$z_{\max}=\sum_{i=1}^{n}\sum_{j=1}^{n}F_{ij}x_{ij},\quad \text{CONSTRAINT CONDITION}: x_{ij}=\begin{cases}0,\\1\end{cases}$$

Maximum match: 1.713

$$\text{MATCHING MATRIX}=\begin{Bmatrix}1 & 5\\2 & 4\\3 & 1\\4 & 3\\5 & 2\end{Bmatrix}\Rightarrow\begin{Bmatrix}\text{United States of America} & \text{Douban}\\ \text{China} & \text{Marshall Islands}\\ \text{Russian Federation} & \text{Tuvalu}\\ \text{Germany} & \text{Kiribati}\\ \text{Japan} & \text{Maldives}\end{Bmatrix}$$

From the conclusion, we can get the optimal matching relationship between the countries of origin and the countries of immigration, such as: US-Douban, China-Marshall islands. By using a similar calculation method of this model, each country that needs to be responsible for EDPs can provide reasonable assistance to countries that are prone to producing EDPs, which will be an optimal solution considering the survival and culture of EDPs. Of course, this allocation strategy can be adjusted to some extent. For example, when the economic development level of these low-altitude areas is relatively high, a series of preventive measures for land reclamation can be carried out, and the responsible countries of immigration can provide non-immigrant policy assistance in terms of funds.

8 Model 5: Policy Formulation and Policy Modeling

8.1 Model Building

8.1.1 Theoretical Framework

The calculable general equilibrium Model (CGE Model) is a powerful tool for the analysis of economic systems. By combining the CGE Model with the KAYA Equation, we build a hybrid Model of three-sector energy economy through the design of Model framework and the setting of core functions.Based on the input and output data of 2012, GAMS program was used to solve the Model variables and simulate the relevant data (Figure12.4).

Figure12.4 is the basic frame diagram of the three-sector economic structure we constructed. In the figure, enterprises, government and residents are the main sectors, and people's income mainly depends on consumption, investment and government expenditure. Intermediate inputs, energy, capital and labor jointly constitute factor markets, which are provided by production to satisfy enterprises, governments and residents. The circular flow of capital links the three sectors of the economy through factor markets.

8.1.2 KAYA Equation Variable Decomposition

Using the KAYA identity proposed by Yoichi Kaya, a Japanese scholar, to express the relationship between carbon emissions and related variables, we decomposed the variables and combined it with the CGE model to build an energy economic environment model. KAYA equation is expressed as:

$$CO_2 = P \times \frac{\text{GDP}}{P} \times \frac{E}{\text{GDP}} \times \frac{CO_2}{E}$$

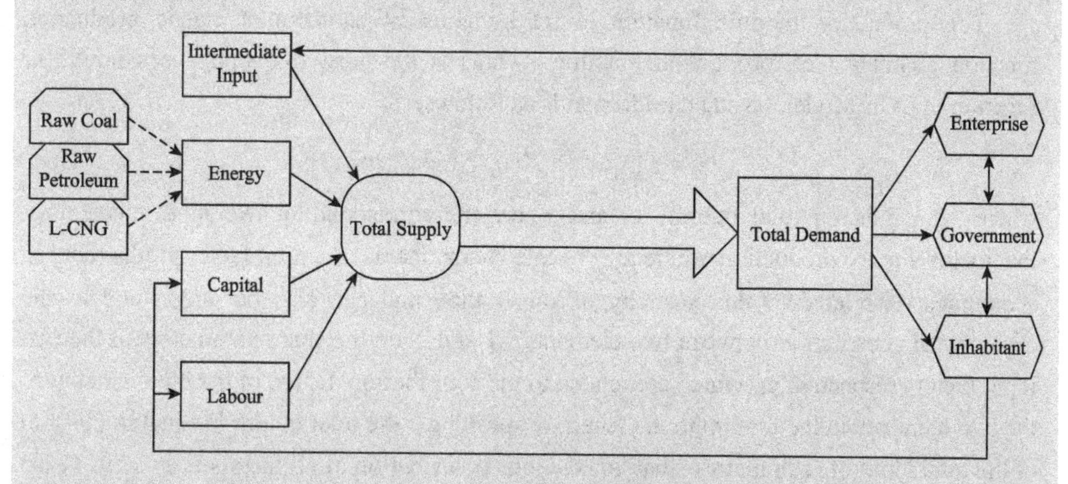

Figure12.4　Model Framework Design

In this equation, carbon dioxide emissions are decomposed into four factors related to human production activities. Among them, P represents the total population and reflects the scale effect of carbon emissions in the social environment. GDP/P is per capita GDP, which is an important indicator to analyze a country's macroeconomic environment. E/GDP refers to energy consumption intensity, which refers to the energy consumption per unit of GDP within a certain period of time. It reflects the dependence of economic growth on energy consumption. It is an important indicator to measure a country's energy utilization efficiency, which is closely related to economic growth pattern, energy consumption composition and energy technology level. CO_2/E refers to the carbon emission intensity per unit of energy consumption. The carbon emission coefficient of each energy is certain. Different types of energy have different carbon emissions, which reflects the relationship between energy structure and carbon emissions.

In summary, the KAYA equation summarizes the factors affecting carbon emissions into four aspects: population, economy, energy and technology. We selected industrial structure and energy intensity as independent variables, and GDP, labor input, total energy consumption and carbon dioxide emissions as dependent variables, to simulate the changes of energy economic environment under the adjustment of different policy variables.

8.1.3 Model Design and Data Processing

Based on the general equilibrium theory, this paper introduces the energy module with technology accumulation mechanism on the basis of the traditional CGE Model. The model includes production module, consumption behavior module and energy module. The main module func-tions are designed as follows.

1) Production Module

The production module function is set by constant substitution elastic production function, namely CES production function, which is the most frequently used nonlinear function in CGE Model. Its standard format is as follows:

$$q=f(x_1,x_2)=A\left(\delta_1 x_1^{\rho}+\delta_2 x_2^{\rho}\right)^{\frac{1}{\rho}}$$

where, q stands for total output; x_1 and x_2 are the corresponding two input elements; Parameter A is the production efficiency or scale factor, that is, the total factor productivity in economics. Is related to the elasticity of substitution and can also be understood as the elasticity of substitution between two elements? 1 and 2 are the share parameters of the two input factors respectively, which are related to the contribution degree of the input amount of the two elements in the total output. Generally speaking, the total output is equal to the sum of the total input of each factor, that is, the total contribution of all factors is equal to 1, so 1+2=1. In the CGE Model, the CES production function is often written directly as:

$$q=f(x_1,x_2)=A\left(\delta_1 x_1^{\rho}+(1-\delta_1)x_2^{\rho}\right)^{\frac{1}{\rho}}$$

In microeconomics, enterprises always seek the most economical input state in the production process, that is, they follow the principle of minimization of input cost. Therefore, when the output is given, the enterprise behavior is shown as:

$$\min_{x_1,x_2,\lambda} L=\omega_1 x_1+\omega_2 x_2-\lambda\left[A(\delta_1 x_1 \rho+\delta_2 x_2 \rho)^{\frac{1}{\rho}}-q\right]$$

We will simplify production module，input and output elements as labor，capital，energy，and intermediate inputs such as four parts，because the CGE model CES production function usually contains only two inputs，extra inputs can lead to the elasticity of substitution between input factors of consistent，so we take the five layers of nested CES build production module functions. The diagram of CES nesting is shown in Figure12.5.

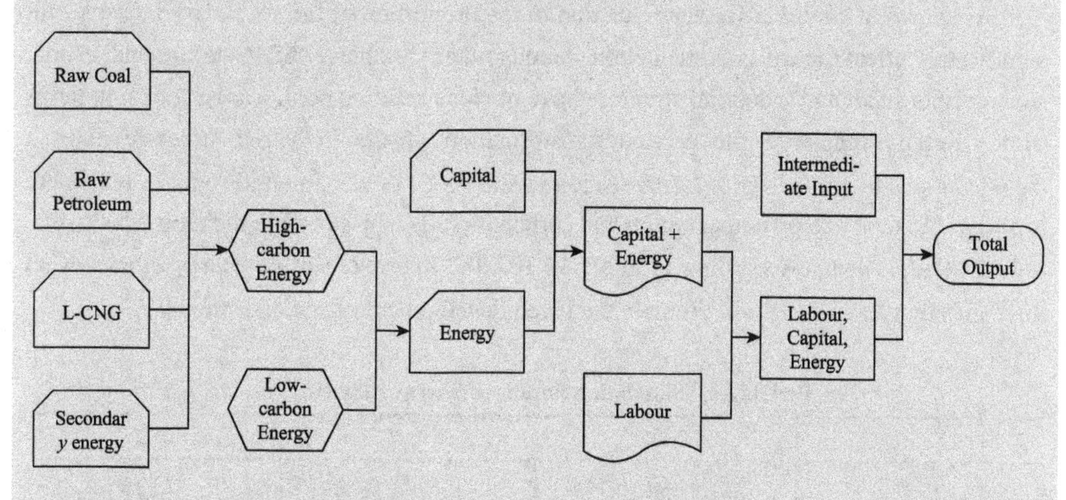

Figure12.5 The Diagram of CES Nesting

2）Energy Module

The energy module is based on section 8.1.2 of this paper，and the subdivision variables decomposed by KAYA formula are expressed as functions，which are combined with CGE Model to form the energy module of the hybrid Model. This module mainly includes the accounting of carbon emissions，the functional expression of industrial structure and energy intensity. In the calculation of carbon emissions，considering the difficulty of data acquisition and the accuracy of the calculation results，this paper selects the primary consumption of coal，oil and natural gas as three major fossil energy sources，and calculates the total carbon emissions using the emission coefficient method. The function is expressed as follows：

$$CO_{2i}=\sum_j E_{i,j} \times \theta_j \quad (j=\text{coil, oil, gas})$$

3）SAM Table Construction

We know that the total carbon emission CO_{2i} is equal to the sum of the energy consumption E_{ij}（coal，oil，natural gas）of country i multiplied by the carbon emission coefficient of corresponding energy θ_j.

8.2 Model Solution

8.2.1 Policy Simulation Analysis

According to the energy economic environment model established in this paper，the change trend of the world economic environment and energy environment is simulated when the proportion of the secondary industry is reduced by 1%, 3% and 5%, and the proportion of the tertiary industry is increased by 0.5%, 1%and 2% respectively.

1) Energy-Economy-Environment Analysis

Analysis on the influence of industrial structure on energy economic environment.

As shown in Table12.10, the reduction of the proportion of the secondary industry will significantly affect the emission reduction. Among other variables, GDP, total social capital stock, labor input and industrial structure have obvious positive nonlinear relations. In terms of the tertiary industry, the service transformation of the industrial structure plays a significant positive role in promoting economic and social development. From the sensitivity analysis, the total energy consumption and carbon dioxide emissions are the most sensitive to industrial adjustment. According to Table 12.10, the improvement of energy efficiency of three different fossil fuels will promote the green development of social economy.

Table12.10 Simulation Results of Energy Efficiency (unit: %)

	Coal2	Petr2	Gas2
GDP	0.03	1.42	1.06
CS	0.05	1.21	1.19
LS	0.07	1.32	1.08
SCO	−2.45	−2.01	−1.89

According to the sensitivity analysis, of the three energy sources, the improvement of coal efficiency was the most obvious, reaching 2.45%. Improved coal efficiency will significantly reduce the air pollution caused by coal blending; Oil, on the other hand, contributed even more to economic growth, with GDP growing by 1.42%. The sensitivity of natural gas to various variables is relatively balanced, between 1% and 2%. However, with the continuous promotion of the use of natural gas, its contribution to the economy and the environment will be further improved.

2) Cost Effectiveness Analysis

Since the improvement of energy environment brought by the reduction of industrial structure will make the overall economy show a downward trend to some extent, we take the ratio of the rate of change of each economic variable and the decline of carbon dioxide emissions as the marginal emission reduction loss of each economic variable to measure the cost effectiveness of the adjustment of policy variables. Table 12.11 shows that with the continuous decrease of the proportion of secondary industry, the marginal emission reduction loss of various economic variables shows an increasing trend.

Table12.11　Industrial Structure Adjustment Under the Marginal Loss Reduction of CO_2

	−1	−3	−5
GDP	0.71	0.87	0.94
CS	0.29	0.55	0.77
LS	0.42	0.57	0.78

8.2.2 Analysis of Optimal Combination Strategy

On the premise of setting the above simulation variables，this paper lists a total of 27 different strategy combinations，and obtains the variation of each variable under different combinations（Table 12.12）.

Table12.12　Different Strategy Combination

Strategy	GDP	CS	LS	E	SCO	TCOEI
−1，0.5，−1	−0.11	−0.12	−0.21	−1.43	−1.25	−0.9
−1，1，−1	1.02	0.29	0.24	−2.18	−1.62	−1.63
−1，2，−1	3.24	1.18	1.35	−2.94	−2.09	−2.97
−1，0.5，−3	−1.17	−1	−1.02	−1.5	−1.58	−1.09
−1，0.5，−5	−3.32	−2.79	−2.89	−1.73	−2.45	−1.31
−1，1，−3	−0.04	−0.59	−0.57	−2.25	−1.95	−1.82
−1，1，−5	−2.19	−2.38	−2.44	−2.48	−2.82	−2.04
−1，2，−3	2.18	0.3	0.54	−3.01	−2.42	−3.16
−1，2，−5	0.03	−1.49	−1.33	−3.24	−3.29	−3.38
−3，0.5，−1	−1.27	−0.98	−1.01	−2.69	−2.44	−1.29
−3，1，−1	−0.14	−0.57	−0.56	−3.44	−2.81	−2.02
−3，2，−1	2.08	0.32	0.55	−4.2	−3.28	−3.36
−3，0.5，−3	−2.33	−1.86	−1.82	−2.76	−2.77	−1.48
−3，0.5，−5	−4.48	−3.65	−3.69	−2.99	−3.64	−1.7
−3，1，−3	−1.2	−1.45	−1.37	−3.51	−3.14	−2.21
−3，1，−5	−3.35	−3.24	−3.24	−3.74	−4.01	−2.43
−3，2，−3	1.02	−0.56	−0.26	−4.27	−3.61	−3.55
−3，2，−5	−1.13	−2.34	−2.13	−4.5	−4.48	−3.77
−5，0.5，−3	−3.19	−2.87	−2.89	−4.71	−4.32	−1.59
−5，1，−1	−2.06	−2.46	−2.44	−5.46	−4.69	−2.32
−5，2，−1	0.16	−1.57	−1.33	−6.22	−5.16	−3.66
−5，0.5，−3	−4.25	−3.75	−3.7	−4.78	−4.65	−1.78
−5，0.5，−5	−6.4	−5.54	−5.57	−5.01	−5.52	−2

续表

Strategy	GDP	CS	LS	E	SCO	TCOEI
-5，1，-3	-3.12	-3.34	-3.25	-5.53	-5.02	-2.51
-5，1，-5	-5.27	-5.13	-5.12	-5.76	-5.89	-2.73
-5，2，-3	-0.9	-2.45	-2.14	-6.29	-5.49	-3.85
-5，2，-5	-3.05	-4.24	-4.01	-6.52	-6.36	-4.07

The results show that most of the combined strategies are to reduce the economic variables while improving the carbon emissions, which is not a desirable solution for China in the medium term of industrial development. There are only four combined strategies to achieve the reduction of carbon emissions under the premise of ensuring economic growth (decoupling Model), namely "-1，1，-1"，"-1，2，-1"，"-1，2，-3"and"-3，2，-1" (underlined in the table).

(1) Of the four combined strategies, "-1，1，-1"strategy has the least significant effect, and is not very sensitive to economic growth or the improvement of energy environment.

(2) The "-1，2，-1"combination strategy is the most sensitive to economic variables, GDP growth can reach 3.24%, and it also contributes 2.09% to the improvement of carbon emissions.

(3) The"-1，2，-3" combination strategy is relatively balanced in its sensitivity to all vari-ables, and can achieve a 2.42% reduction in carbon emissions on the premise of ensuring a GDP growth rate of 2.18%.

(4) The"-3，2，-1"combination strategy is more inclined to the improvement of energy environment, and the carbon emission data is the most sensitive, reaching a 3.28% reduction, which is the highest among the four combination strategies. Meanwhile, the GDP growth rate can be stabilized at 2.08%.

8.2.3 Discussion of Model Results

By combining the CGE model with KAYA equation, we construct the CGE Model of energy economic environment, and simulate the changes of carbon emissions and the overall social economy in terms of industrial structure and energy efficiency. On the whole, the reduction of the proportion of the secondary industry will reduce the overall energy dependence of the society and drive the economic environment towards intensive development, but it will bring about serious negative economic growth. The increase of the proportion of the tertiary industry will boost the total factor productivity of the society, and the economic growth trend will be significant. Meanwhile, it will also have a positive impact on the improvement of the social energy environment. The improvement of energy efficiency reduces the social total energy consumption, energy and environment problem improved obviously, improve the efficiency of enterprise's production, the increase of the output value has a certain contribution to society. Combined with our analysis of China as a result，the conclusions and suggestions are presented：

（1）According to the simulation results show that carbon emissions are not the bigger the better，to properly according to the regional environment.

（2）The implementation of a single carbon emission reduction plan depends largely on the “concession”of economic development，which will lead to an unbalanced state between economic development and energy environment.

9 Conclusion

（1）If carbon emissions are not controlled，more EDPs will appear. Sea level rise is the immediate cause of the disappearance of some island nations，and tens of millions of people could lose their homes in the future if carbon emissions are not controlled.

（2）The allocation of EDPs must be addressed according to both capability and responsibility. According to the “common but differentiated responsibilities”，while countries assume their climate responsibilities，some developed countries also have the responsibility to lend a helping hand to developing countries to enhance their capacity to withstand climate risks and implement migration planning and management.

（3）If carbon emissions are not controlled，more EDPs will appear. Sea level rise is the immediate cause of the disappearance of some island nations，and tens of millions of people could lose their homes in the future if carbon emissions are not controlled.

（4）We should not only allocate EDPs quantitatively，but also consider their fitness between countries of origin and countries of entry. The factors that may affect the survival and cultural protection of EDPs after immigration between countries of origin and countries of immigration should be taken as the measurement index，and the adaptability between countries should be systematically analyzed and solved.

（5）Policy implementation is necessary and needs to be tailored to local conditions. In order to keep the balance between the world economic development and the energy environment，the differentiated needs of countries with different levels of development should be fully considered in the implementation of policies.

10 Strengths and Weaknesses

10.1 Strengths

（1）The Shapley value is the only and proven fair way to calculate the responsibility of countries in the face of climate problems.

（2）Based on the radiation intensity Model caused by the concentration of greenhouse gases in the atmosphere，the thermal expansion of global surface waters is estimated，and the earth's prediction Model of global cumulative greenhouse gas emissions based on the rise of sea level is established. The results are verified by cross comparison with other time series Models.

（3）Considering in the process of sea level rise，coastal city residents affected by the situation of quantitative，converts coasts discrete natural disasters to the nature of coastal residents to continuous variation of pressure，low altitude population migration rate g and Logistics function relationship between the altitude，to better predict the EDPs in statistics.

（4）The mixed model of energy economy-environment based on KAYA equation and CGE Model established by us deeply considers the contradictory relations and changing laws among energy，economy and environment. The implementation process of the simulation policy is comprehensive and objective.

10.2　Weaknesses

（1）In the Model of seawater rise and cumulative greenhouse gas emissions，we do not specifically discuss the seawater increment caused by ice sheet melting. Only linear estimation of thermal expansion of seawater is used to reduce partial error.

（2）When calculating the value of Shapley，we cannot calculate the value of Shapley for all economies due to the limited computing power of computers. After carefully considering the computational power and algorithm scale，we only selected the top 11 economies with historical cumulative greenhouse gas emissions，whose total greenhouse gas emissions accounted for 78% of the world's total emissions in the same period，which is enough to describe the EDPs distribution problem in the world.

（3）In terms of the selection of factors affecting national capacity，on the one hand，the factor integrity is not strong；on the other hand，considering the interaction among factors，the weight independence of factors may be relatively weak，which will lead to the change of the final size of country C_{ij}.

第三节　专家点评

点评人简介：王文波，武汉科技大学信息与计算科学系教授，博士生导师，武汉科技大学数学建模团队负责老师。自2007年指导学生参加全国大学生数学建模竞赛，近年来获数学建模国家奖、省奖20余项。

该论文选择的是2020年美国大学生数学建模竞赛的F题，问题背景是，全球变暖引起的海平面上升，使几千万甚至几亿人将要无家可归，人们无法进行国内迁移。为了保护这些受气候变化影响的人们，需要提供一个可持续的解决方式。

针对EDPs的规模预测问题（EDPs是任何出于气候原因而被迫将要或已经离开原居

住地的居民），该论文采用了 Logistic Growth 模型来分析海平面上涨压力下不同海拔地区的居民转化为 EDPs 的概率，同时联系全球各海拔人口分布，得到在海平面上涨情况下的 EDPs 人口估计。

针对各国对 EDPs 的责任问题，考虑到海平面上涨的主要驱动因素为全球变暖，且温室气体在地球辐射强迫中的决定性地位，该论文建立了海水的热膨胀与其温度的关系。根据大气中温室气体浓度与地表温度变化间的关系，建立了大气中温室气体浓度与海洋表层膨胀的关系，从而将各国温室气体排放与海平面上升高度关联起来。

为解决 EDPs 的安置问题，在各国应负责的 EDPs 数量上，该论文通过各国 1850 年以来温室气体累计排放量计算各国对海平面上涨责任的 Sharpley 值。同时，从三个方面初步选取了与 EDPs 在迁入国的环境适应程度及各国的承担能力相关的 6 个重要指标，根据指标的权重测定了各国应妥善安置的 EDPs 人口比例。在考虑 EDPs 的基本权利与文化保护问题时，引入了原籍国和迁入国之间适应度的概念，在国家气候、国家间距离、国家宗教文化等方面给出了原籍国和迁入国之间的适应度矩阵，使用 Hungary 算法计算求解了适应度最大的匹配方案。

最后，考虑到政策制定和实施的不确定性，为了获得最优化的政策组合方案，该论文构建了基于 KAYA 等式和 CGE 模型的能源经济-环境混合模型来代入劳动投入量、能源效率及二氧化碳排放量等具体参数指标，对居民、企业、政府的相互作用进行实证分析，优化组合得出策略。

论文的优缺点分析总结如下。

1. 优点

（1）基于 Sharpley 值计算各国面对气候问题时的应尽责任，其公平性是唯一且被证明的。

（2）根据大气中温室气体的浓度造成的辐射强度模型估计全球表层海域的热膨胀情况，建立海平面上涨关于全球累计温室气体排放的地球预测模型，与另外建立的时间序列模型进行交叉对比得到了相互印证。

（3）考虑了在海平面上涨过程中，沿海城市居民受灾情况的量化，将沿海地区离散的自然灾害转换为自然界对沿海居民连续变化的压力，提出低海拔地区人口迁移率与海拔之间存在的 Logistic 函数关系，从而在统计学上较好地预测了 EDPs 的规模。

（4）建立的基于 KAYA 等式和 CGE 模型的能源经济-环境混合模型深入考虑了能源、经济、环境三者间的矛盾关系和变化规律。模拟政策的实施过程是全面且客观的。

2. 缺点

（1）在海平面上涨关于全球累计温室气体排放的地球预测模型中，没有具体地讨论冰川融化产生的海水增量情况。仅采用海水的热膨胀的线性估计降低部分误差。

（2）在计算 Sharpley 值时，受计算机计算能力的限制无法计算所有经济体的 Sharpley 值。

（3）在对影响国家能力的因素选择上，一方面要素完整性不强，另一方面应考虑各要素之间的相互影响，要素的权值独立性也可能较弱，将导致最终的国家 C_{ij} 的大小有所变动。

（4）衡量各国安置能力方面可以再多选取几个指标，例如可以将文化冲突、丧失风险考虑在内。

评议：本题牵涉范围之广，专业要求之深，远远超过正常数学建模的能力要求。在有限的时间内不可能面面俱到地讨论和严格论证。在诸多要素中如何取舍、说明论证，是建立模型和撰写论文的重点。特别要注意的是，如果没有足够的信心收集到足够的数据并完成主成分或其他数据的分析，最好不要过于计较得出主要因素的方法，而应当重点讨论“主要因素如何影响难民人数”，并根据该关系分析如何根据“主要因素”进行分配的问题。

第十三章　电视产品的营销策略推荐

第一节　问题重述

本章来源于第六届“泰迪杯”数据挖掘挑战赛B题，题目如下。

一、问题背景

伴随着互联网技术的快速发展和应用拓展，“三网融合”（因特网、电信网、广播电视网）为传统广播电视媒介带来了发展机遇，广播电视运营商可以与众多的家庭用户实现信息的实时交互，使得全方位、个性化的产品营销和有偿服务成为现实。

某广电网络运营公司现已建设大数据基础营销服务平台，附件1～附件3[①]给出了部分用户的观看记录信息数据和运营公司的产品信息数据。该公司请你们深入分析附件1～附件3的信息数据，利用数据挖掘的方法解决下面的问题。

二、解决问题

（1）产品的精准营销推荐。根据附件1所给出的用户观看记录信息数据，试分析用户的收视偏好，并给出附件2中产品的营销推荐方案。

（2）相似偏好用户的产品打包推荐。为了更好地为用户服务，扩大营销范围，利用附件1～附件3的数据，试对相似偏好的用户进行分类（用户标签），对产品进行分类打包（产品标签），并给出营销推荐方案。

三、数据说明

附件1：用户收视信息数据，记录数：561 288条；

附件2：电视产品信息数据，记录数：41 876条；

附件3：用户基本信息数据，记录数：1 329条。

---

① 附件1～附件3请见官网https://www.tipdm.org/bdrace/tzjingsai/20170921/1253.html#sHref。

第二节　优秀论文展示

作者：李玉萍、彭波、田慧丽
指导老师：张强

摘　　要

本文主要通过构建基于用户收视偏好的营销推荐模型与基于电视产品类型的套餐包推荐模型对用户相关收视信息进行分析，使用层次贝叶斯聚类算法和协同过滤算法的思想对数据进行偏好分析、统计分析，得到有价值的信息，从而分析用户收视偏好，给出电视产品的营销推荐方案；同时进行分类分析建立用户标签与产品标签，将产品进行分类打包，给出电视产品类型的套餐包推荐方案。

关键词：层次聚类，协同过滤，标签体系

1　数据分析与处理

TF-IDF 算法——由于电视产品的冗杂，采用 TF 算法，把电视产品信息转换为权重向量，计算词频，即 TF 权重为词频，等于某个词在数据集中出现的次数；考虑到电视产品有集数之分，为了便于数据处理，进行词频标准化即

$$\mathrm{TF}=\frac{\mathrm{QD}}{\mathrm{TQD}} \tag{13.1}$$

式中：QD 为某个词在数据集中出现的次数；TQD 为数据集的总词数。

当构建基于用户收视偏好的营销推荐模型时，需要得到用户基于电视产品的收视偏好，利用用户点播信息与用户单片点播信息来分析用户收视偏好的影响因素，但是通过用户的点播金额无法判断用户的收视偏好，所以将其转化为每一个用户点播节目的次数与每一个节目被用户点播的用户数进行数据分析。当构建基于电视产品类型的套餐包推荐模型时，需要使用所有数据信息，利用 SQL SEVER 和 SPSS 来解决数据的冗杂，进行标签数据获取和词频统计，将产品进行归类，得出产品标签及用户标签，并对标签进行规范化处理，使用标签对用户进行分析，得到用户相似偏好，从而得到产品的套餐包推荐模型。

2　模型的建立与求解

2.1　构建基于用户收视偏好的营销推荐模型（模型一）

模型思想——层次贝叶斯聚类算法。在每一步中都选择相同用户不同的两个类别合并为一个类别。选择的依据是使合并后的分类方案的后验概率 $P(C|D)$ 最大，即每一步进行局部优化的目标函数为 $P(C|D)$ 。其中 D 是点播时长的集合， $D=\{d_1,d_2,\cdots,d_i,\cdots,d_n\}$ ；分类方案 C 表示点播次数的集合，是对 D 的一个划分：

$$C=\{c_1,c_2,\cdots,c_i,\cdots,c_m\},\quad c_i\subset D,\quad c_i\cup c_j=\varnothing,\quad \forall i\neq j \tag{13.2}$$

步骤1，计算用户点播次数的频率与用户点播时长的频率。引进传统频率算法，用F表示频率，有

$$F=\frac{\mathrm{NM}}{\mathrm{TM}} \tag{13.3}$$

式中：NM为每个对象出现的次数；TN为所有对象出现的总次数。

步骤2，聚类分析。每个点播时长被看作一个独立的类别，即$c_i=\{d_i\}$ $(1\leqslant i\leqslant n)$，此时的分类方案为$C_0$。假设现在已经完成第$k$步，其分类方案是$C_k$，需要为$k+1$步选择最优的聚类方案$C_{k+1}$的关键是选择合适的两个类别$c_x$，$c_y$进行合并。

$$\begin{aligned}P(C_k\mid D)&=\prod_{c\in C}\prod_{d\in c}P(c\mid d)=\prod_{c\in C}\prod_{d\in c}\frac{P(d\mid c)P(c)}{P(d)}\\&=\frac{\prod_{c\in C}P(c)^{|c|}}{P(D)}\prod_{c\in C}\prod_{d\in c}P(d\mid c)=\frac{PC(C)}{P(D)}\prod_{c\in C}SC(c)\end{aligned} \tag{13.4}$$

式中：

$$\begin{aligned}PC(C)&=\prod\nolimits_{c\in C}P(c)^{|c|}\\SC(c)&=\prod_{d\in c}P(d\mid c)\end{aligned} \tag{13.5}$$

由上可知，C_k和C_{k+1}之间显然有$C_{k+1}=C_k-\{c_x,c_y\}+\{c_x\cup c_y\}$，于是有

$$\frac{P(C_{k+1}|D)}{P(C_k|D)}=\frac{PC(C_{k+1})}{PC(C_k)}\frac{SC(c_x\cup c_y)}{SC(c_x)SC(c_y)} \tag{13.6}$$

对于$k+1$步而言，$P(C_k|D)$是已知常数，无须直接计算$P(C_{k+1}|D)$就可以找到最佳的c_x，c_y。式（13.6）中第一项采用近似估计值$\dfrac{PC(C_{k+1})}{PC(C_k)}\propto A^{-1}(A>1)$是一个常数；应用贝叶斯定理可以得到条件概率：

$$P(d|c)=P(d)\sum_t\frac{P(T=t|d)P(T=t|c)}{P(T=t)} \tag{13.7}$$

式中：$T=t$为从样本集中取出一个特征词恰好为t的事件。由此可以得到$\dfrac{P(C_{k+1}|D)}{P(C_k|D)}$的表达式，显然使得$P(C_{k+1}\mid D)$最大化的两个类别为

$$(\hat{c}_x,\hat{c}_y)=\underset{(c_x,c_y)}{\arg\max}\frac{P(C_{k+1}\mid D)}{P(C_k\mid D)} \tag{13.8}$$

所以第$k+1$步应将$\hat{c}_x$，$\hat{c}_y$合并为一个类别，由上述分析得聚类分析的形式化的算法如下。

Input：$D=\{d_1,d_2,\cdots,d_i,\cdots,d_n\}$，包含$n$个电视节目的点播时长的输入数据。

Initialize：$C=\{c_1,c_2,\cdots,c_i,\cdots,c_m\}$，$c_i=\{d_i\}(1\leqslant i\leqslant n)$。

为所有的c_i $(1\leqslant i\leqslant n)$计算$SC(c_i)$。

为所有的 $c_i, c_j\ (1 \leqslant i < j \leqslant n)$ 计算 $SC(c_i \cup c_j)$ 。

For $k = 1$ to $n-1$ do

$$(\hat{c}_x, \hat{c}_y) = \arg\max_{(c_x, c_y)} \frac{SC(c_x \cup c_y)}{SC(c_x)SC(c_y)}$$

$$C_k = C_{k+1} - \{\hat{c}_x, \hat{c}_y\} + \{\hat{c}_x \cup \hat{c}_y\}$$

为 C_k 中所有的 $c_i, c_j (1 \leqslant i < j \leqslant n)$ 计算 $SC(c_i \cup c_j)$ 。

Function $SC(c)$

Return $\prod_{d \in c} P(d \mid c)$

步骤 3，由贝叶斯公式出发，引出被推荐概率的算法，贝叶斯公式如下：

$$P(A_i \mid B) = \frac{P(B \mid A_i)P(A_i)}{\sum_{i=1}^{n} P(B \mid A_i)P(A_i)} \tag{13.9}$$

式中：$P(A_i \mid B)$ 为在用户数确定的条件下每一个电视节目被观看的概率；$P(B \mid A_i)$ 为在电视节目数确定的条件下观看该节目的用户数；$P(A_i)$ 为电视节目的总数。在数据中无法使用用户数和电视节目数来表示，所以对式（13.9）做调整：

$$P_i = \frac{P_t}{T_t} + \frac{P_n}{T_n} \tag{13.10}$$

式中：P_i 为被推荐概率；P_t 为每一部影片被观看的时长；T_t 为所有影片被观看的总时长；P_n 为每一部影片被点播的次数；T_n 为所有影片被点播的总次数。

步骤 4，模型求解。通过 SPSS 进行分析，比较推荐指数为因变量，总时长为自变量或点播时长为自变量时的关系模型（模型的 R^2 反映模型的拟合优度，R^2 越大说明拟合程度越高，F 说明 R 的显著度），由表 13.1 和表 13.2 可以得出幂关系模型为最优模型。

表 13.1　模型汇总和参数估计

因变量：推荐指数

方程	模型汇总					参数估计值		
	R^2	F	df1	df2	Sig.	常数	$b1$	$b2$
线性	0.012	82.060	1	6 639	0.000	0.199	0.053	
对数	0.017	115.718	1	6 639	0.000	0.274	0.021	
二次	0.016	53.490	2	6 639	0.000	0.192	0.091	
幂	0.164	1 298.255	1	6 639	0.000	0.160	0.467	−0.007
S	0.102	752.864	1	6 639	0.000	−2.835	−0.003	
指数	0.045	312.163	1	6 639	0.000	0.035	0.710	
Logistic	0.045	312.163	1	6 639	0.000	28.283	0.492	

自变量为点播时长

表 13.2　模型汇总和参数估计

因变量：推荐指数

方程	模型汇总					参数估计值		
	R^2	F	df1	df2	Sig.	常数	$b1$	$b2$
线性	0.083	601.167	1	6 639	0.000	0.260	−0.005	
对数	0.399	4 400.181	1	6 639	0.000	0.274	−0.088	
二次	0.140	539.428	2	6 639	0.000	0.297	−0.017	
幂	0.402	4 453.793	1	6 639	0.000	0.053	−0.618	0.000
S	0.050	346.592	1	6 639	0.000	−3.233	0.005	
指数	0.190	1 553.956	1	6 639	0.000	0.070	−0.057	
Logistic	0.190	1 553.956	1	6 639	0.000	14.270	1.059	

自变量为总时长

通过上面的分析得出点播时长、总时长与推荐指数之间的关系，查阅文献可知幂函数的计算公式：$y=\beta_0^{x^{\beta_1}}$，经过变换得$\ln y = x^{\beta_1}\ln\beta_0$，结合图 13.1 及图 13.2 可得该模型方程为 $\ln y_1 = \ln 0.160 + 0.467x_1$， $\ln y_2 = \ln 0.053 - 0.0618x_2$。

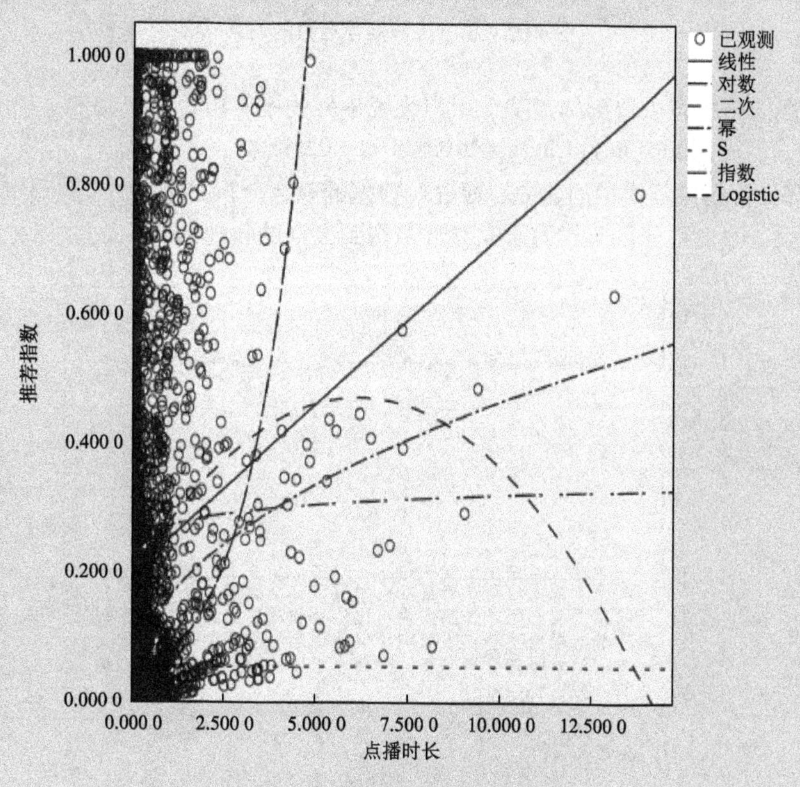

图 13.1　点播时长与推荐指数的关系

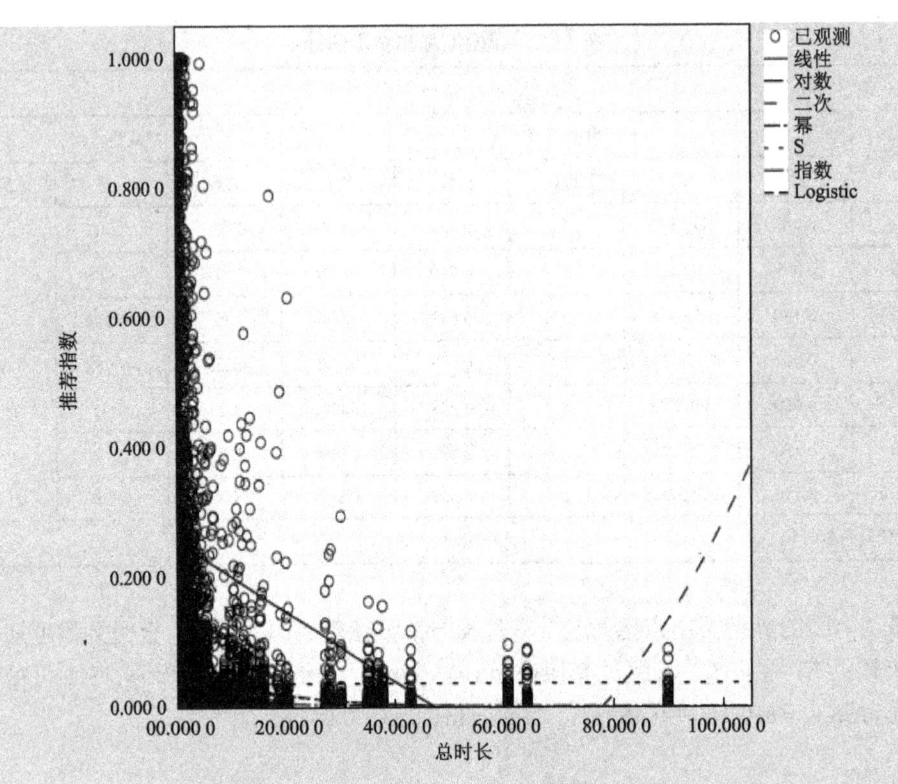

图 13.2　总时长与推荐指数的关系

由上面的分析可以得到构建基于用户收视偏好的推荐指数模型如下：

$$\ln y = \ln y_1 + \ln y_2 = \ln 0.008\,48 + 0.046\,7x_1 - 0.061\,8x_2 \qquad (13.11)$$

步骤 5，营销推荐模型的建立。通过对数据的整合分析并进行分类统计，将冗杂数据进行归类，取前百分之一作为研究对象，得到大众的收视偏好，如图 13.3 所示。

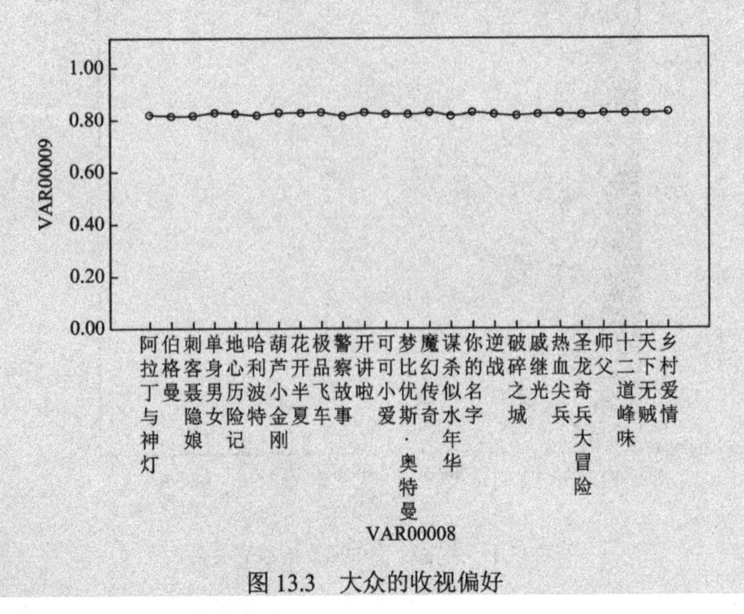

图 13.3　大众的收视偏好

2.2　构建基于电视产品类型的套餐包推荐模型（模型二）

模型思想——协同过滤算法。基于邻域的算法分为两大类，一类是基于用户的协同过滤算法，另一类是基于物品的协同过滤算法。这里使用基于用户的协同过滤算法。

步骤1，基于用户的协同过滤算法步骤。找到和目标用户相似的用户集合。协同过滤算法主要利用行为的相似度计算兴趣的相似度，给定用户u和用户v，令$N(u)$为用户u曾经有过正反馈的物品集合，$N(v)$为用户v曾经有过正反馈的物品集合（$N(z)$为用户z观看的电视产品集合），通过如下的Jaccard公式简单地计算u和v的兴趣相似度：

$$W_{uv}=\frac{|N(u)\cap N(v)|}{|N(u)\cup N(v)|} \tag{13.12}$$

找到这个集合中用户喜欢的，且目标用户没有听说过的物品推荐给目标用户；排序推荐——计算相似矩阵从而排序得到相似度较高的用户，进行产品打包推荐。

步骤2，模型求解。首先求出每个对象与该对象的相似值，找出该对象与给定对象都拥有的共同属性，然后用皮尔逊相关系数算法来计算相似性；再利用SPSS整合分析得到Jaccard相似矩阵，通过相似矩阵将相似用户进行统一归类，由此，用户间的相似度就得到了，可以直观地找到与目标用户兴趣相似的用户；最后产生推荐项目——需要从矩阵中找到与目标用户最相似的K个用户，用集合$A(u,K)$表示，将A中用户喜欢的电视产品全部提取出来，并除去u已经喜欢的电影。对于每个候选电影i，用户对它感兴趣的程度用式（13.13）计算：

$$P(u,i)=\sum A(u,K)\cap N(i)W_{uv}*R_{vi} \tag{13.13}$$

式中：R_{vi}为用户v对电影i的喜欢程度，在该推荐系统中计算时考虑用户的推荐指数，最后根据该指数排序取前K个为推荐电视产品的产品包。

步骤3，模型建立。①电视产品标签的建立与用户的标签建立。对于用户与产品，利用概念层次结构图建立用户或产品的多级标签，利用词和词之间的相关性，对用户进行分类，得到用户和产品的分级标签，如图13.4所示。②利用协同过滤思想进行计算。如果系统中已有较多用户打上了一些标签，则可以根据他们的标签相似性、相关电视产品相似性协同过滤计算用户相似性。③相似用户产品打包。利用协同过滤算法得到用户的相似度及相关系数，通过分级分类，得到产品包相对于用户的推荐指数（其中部分推荐指数为1的原因是该产品只有极少数用户观看，由此，将这部分数据作为脏数据排除在产品打包推荐之外）。根据分析，得到了基于电视产品类型的套餐包推荐模型。

机顶盒设	一级标签	二级标签	三级标签	四级标签	五级标签	百分比
10983	收视偏好	生活	购物			0.7142857
10983	收视偏好	时政	新闻	大陆		0.5968992
10158	收视偏好	娱乐	体育	室外	高尔夫	0.5454546
10525	收视偏好	生活	购物			0.5454546
10261	收视偏好	生活	购物			0.5294118

图13.4　建立标签后产品打包的部分推荐指数

步骤 4，营销推荐模型。①广告投放。某一天全天时间段的频次分析如图 13.5 所示，显然这与传统抽样方法的调查结果和现实情况相符。传统抽样方法对开机情况的分析手段只有开机率一个指标，局限性较大。本文基于海量收视数据的开机频数分析，具有较大的实用意义。开机广告计费策略的调整，使广告主的广告经费得到真正有效的保护；开机广告投放策略的调整，使投放时间的最小精度由原来的“天”精准到“小时”，投放时间的精度也可以与投放的频次相结合，产生更好的投放；降低广告投放的准入门槛，使数量众多的中小企业广告主动加入开机广告的服务中来；通过精准投放，广告主单次广告的投放预算门槛大幅降低。②增大电视回看量。图 13.6 为回看时间段人数分布表，表明电视回看为百姓提供了便捷的收视服务，将社会黄金时间改变为个人黄金时间，使得用户个人拥有了自主选择的权利；在交互电视时代，电视回看是各电视台广播电视所占频道资源的扩展和延伸，将电视台的广播生产力或播出能力提高 3～4 倍；传统的广播电视节目，一般每日重播三次或四次，以便提高电视节目送达率。

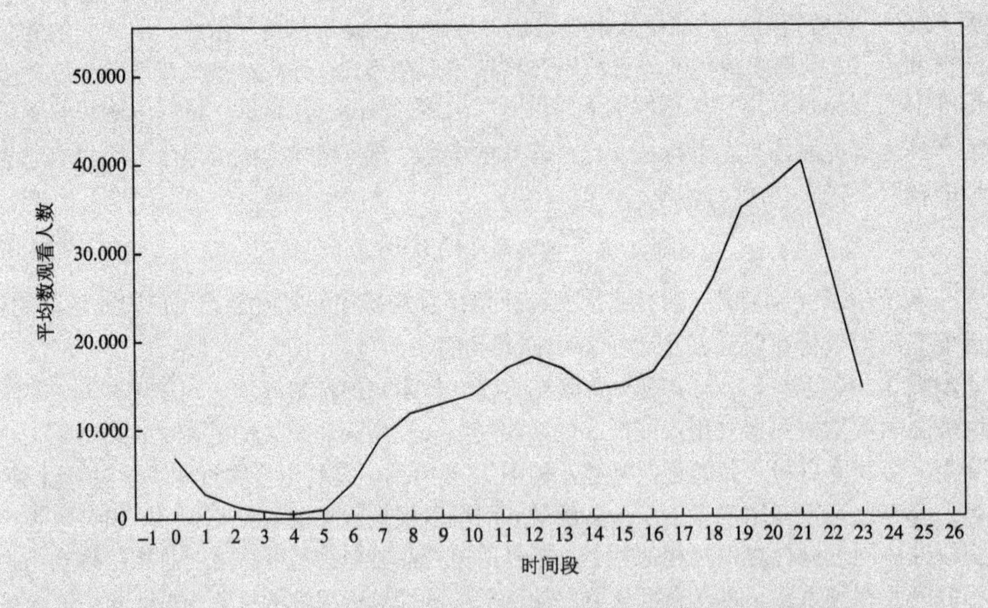

图 13.5　某一天全天时间段的频次分析

3　总结

本文主要通过 SPSS、SAS、SQL、SEVER 软件进行模型的建立与求解。通过模型一的解答，建立了可靠的模型，对数据都有较好的拟合。在模型二中给出的数据标签、电视产品类型的套餐包推荐模型及营销推荐模型，使得电视回看量增大，利用相关软件及知识对结果进行测试，可知所建立的模型对电视产品的营销推荐能较好地满足现实情况。

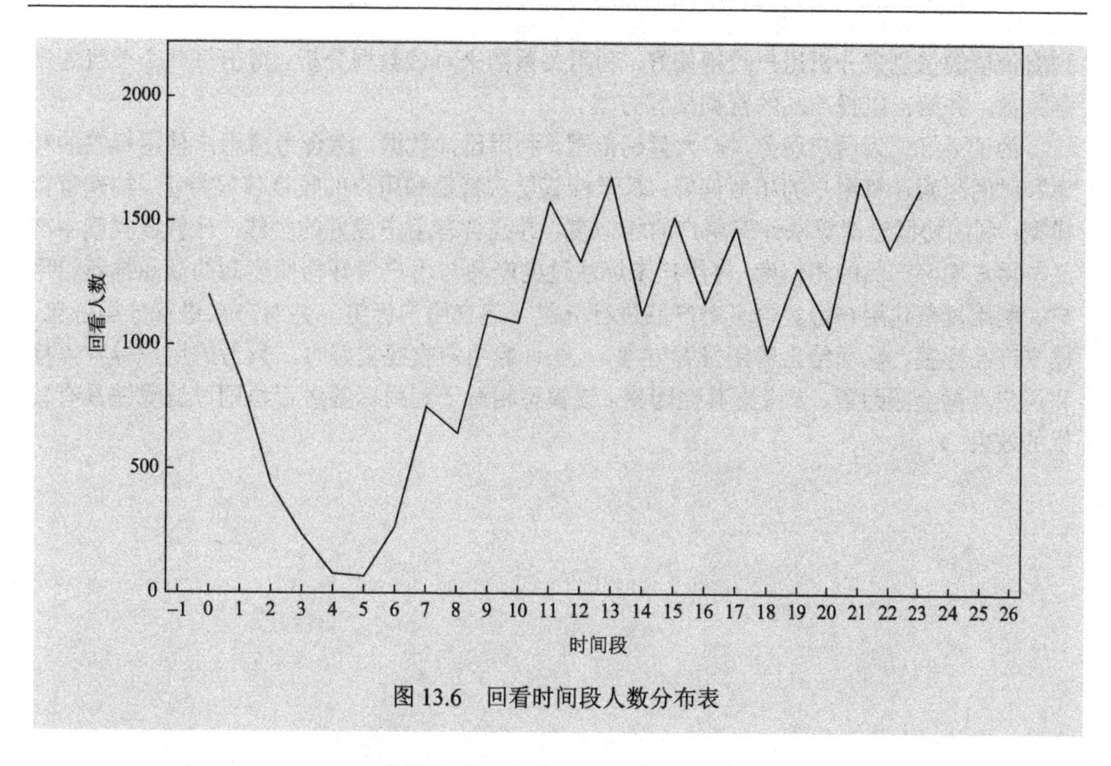

图 13.6　回看时间段人数分布表

第三节　专家点评

点评人简介：张强，男，汉族，1976 年 8 月出生于湖北老河口，2002 年 6 月毕业于华中师范大学数学与统计学学院的数学教育专业，获得理学学士学位，2007 年 6 月毕业于华中师范大学数学与统计学学院的概率统计专业，获得理学硕士学位。现为武汉科技大学教师，常年担任校数学建模指导老师、校 SAS 数据分析协会指导老师、数学与统计系实验室副主任。近五年，在指导竞赛方面，指导学生获得国家级奖项 59 项，其中国家级一等奖 2 项，国家级二等奖 21 项，国家级三等奖 30 项，国家级最佳组织奖和优秀指导老师奖 6 项；省级奖项 23 项，其中省级亚军 1 项，省级季军 1 项，省级一等奖 3 项，省级二等奖 7 项，省级三等奖 11 项；校级奖项 21 项。在项目论文方面，主持或参与教研项目 5 项，科研项目 3 项，共计 8 项，发表教研科研论文共计 9 篇。在出版书籍方面，以副主编或编委身份出版教材书籍共计 7 部，其中，4 部是以副主编身份出版，3 部是以编委身份出版。特别地，在 2017 年，指导学生的毕业论文荣获"省级优秀学士论文奖"，指导学生在省级 SAS 数据分析大赛中荣获湖北省季军（湖北省第三名）；在 2018 年，指导学生在省级 SAS 数据分析大赛中荣获湖北省亚军（湖北省第二名）。在 2017 年、2018 年，指导学生参加"泰迪杯"数据挖掘挑战赛，各荣获一等奖一项。

该文主要通过对用户相关收视信息的分析，通过对数据进行筛选得到可用于分析用户收视偏好的有用数据，并对用户点播信息和用户单片点播信息使用层次贝叶斯聚类算法的思想将每一个用户在三个月内所观看的所有影片及节目信息做了一个统计分析，在此基础上计算出每一个节目及影片在所有被用户观看的总节目的百分比，进行分类并计算得到下列有价值的信息来分析用户收视偏好，利用关系图来对该数据分析，得出每一个节目的推荐指数，并给出电视产品的营销推荐方案。

为了更好地为用户服务，扩大营销范围，利用已知数据，综合考虑用户使用标签的频率和时间因素计算用户的相似偏好；基于标签层次特征和用户的收视偏好特征，构建营销模型；利用协同过滤算法计算用户的相似度，寻找含有用户偏好的类簇，计算该类簇中产品与用户偏好产品的相似度，将用户未标注过的产品与用户偏好相似度高的商品推荐给用户。利用规范化用户标签语义对产品进行分类，建立用户标签，并对产品进行分类打包，建立产品标签，从而给出营销推荐方案。（在计算用户收视偏好时，只考虑用户单片点播和用户点播金额因素，未考虑其他因素。该模型相对于利用标签进行协同过滤算法具有较优的效果。）

第十四章　CT 系统参数标定及成像问题

第一节　问 题 重 述

本章来源于 2017 年高教社杯全国大学生数学建模竞赛 A 题①，题目如下。

CT（computed tomography）可以在不破坏样品的情况下，利用样品对射线能量的吸收特性对生物组织和工程材料的样品进行断层成像，由此获取样品内部的结构信息。一种典型的二维 CT 系统如图 14.1 所示，平行入射的 X 射线垂直于探测器平面，每个探测器单元看成一个接收点，且等距排列。X 射线的发射器和探测器相对位置固定不变，整个发射-接收系统绕某固定的旋转中心逆时针旋转 180 次。对每一个 X 射线方向，在具有 512 个等距单元的探测器上测量经位置固定不动的二维待检测介质吸收衰减后的射线能量，并经过增益等处理后得到 180 组接收信息。

CT 系统安装时往往存在误差，从而影响成像质量，因此需要对安装好的 CT 系统进行参数标定，即借助于已知结构的样品（称为模板）标定 CT 系统的参数，并据此对未知结构的样品进行成像。

请建立相应的数学模型和算法，解决以下问题：

（1）在正方形托盘上放置两个均匀固体介质组成的标定模板，模板的几何信息如图 14.2 所示，相应的数据文件见附件 1（标定模板数据文件），其中每一点的数值反映了该点的吸收强度，这里称为“吸收率”。对应于该模板的接收信息见附件 2（标定模板接收信息数据文件）。请根据这一模板及其接收信息，确定 CT 系统旋转中心在正方形托盘中的位置、探测器单元之间的距离以及该 CT 系统使用的 X 射线的 180 个方向。

（2）附件 3（未知介质接受信息数据文件）是利用上述 CT 系统得到的某未知介质的接收信息。利用（1）中得到的标定参数，确定该未知介质在正方形托盘中的位置、几何形状和吸收率等信息。另外，请具体给出图 14.3 所给的 10 个位置处的吸收率，相应的数据文件见附件 4（10 个特定位置吸收率数据文件）。

（3）附件 5（另一未知介质接受信息数据文件）是利用上述 CT 系统得到的另一个未知介质的接收信息。利用（1）中得到的标定参数，给出该未知介质的相关信息。另外，请具体给出图 14.3 所给的 10 个位置处的吸收率。

（4）分析（1）中参数标定的精度和稳定性。在此基础上自行设计新模板、建立对应的标定模型，以改进标定精度和稳定性，并说明理由。

（1）～（4）中的所有数值结果均保留 4 位小数。同时提供（2）和（3）重建得到的介质吸收率的数据文件（大小为 256×256，格式同附件 1，文件名分别为 problem2.xls 和 problem3.xls）。

---

① 具体题目请见 https://blog.csdn.net/dai_wen/article/details/77991345。

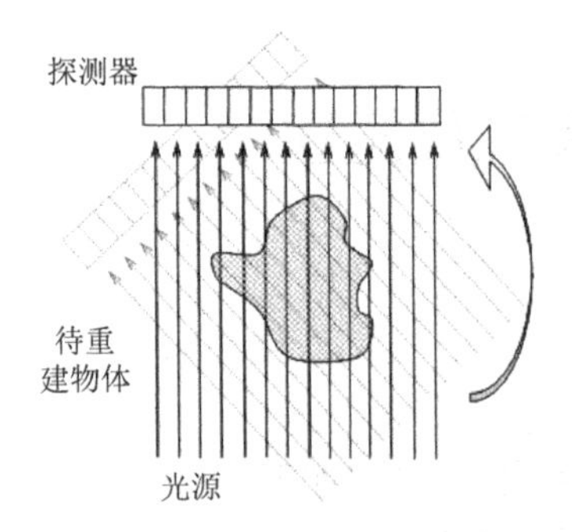

图 14.1 CT 系统示意图

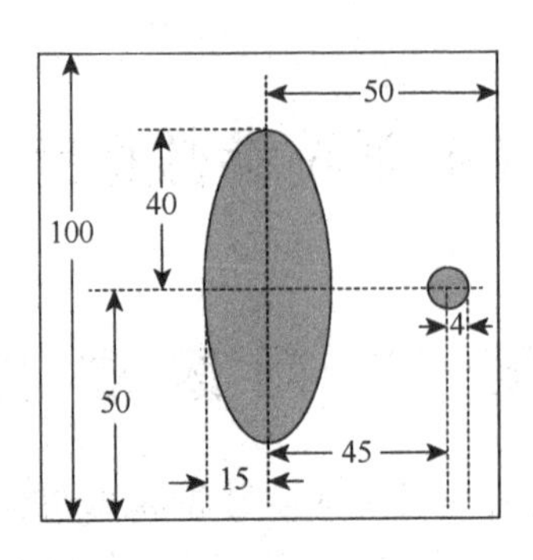

图 14.2 模板示意图(单位: mm)

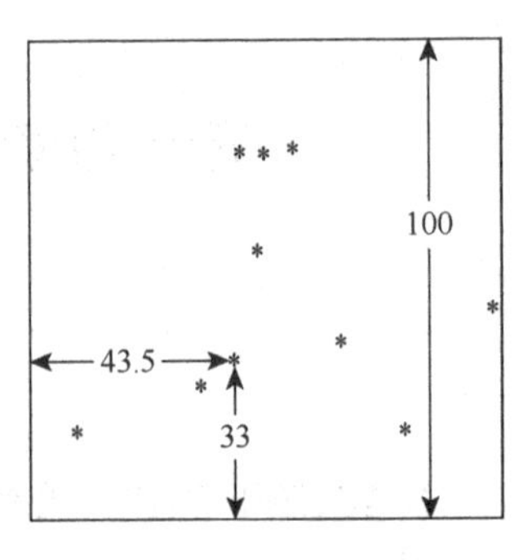

图 14.3 10 个位置示意图

第二节 优秀论文展示

作者：李晓芳、陆梅、张梦伟

指导教师：王媛媛

摘 要

CT 技术作为一种获取目标断层图像的检测技术，广泛应用于工业检测、医疗诊断、电子显微等科学领域。本文针对 CT 系统参数标定及成像问题，在二维 CT 系统基础上，求解出标定参数值，重建图像。分析模板在托盘位置对标定参数的影响，在此基础上，设计新型标定模板，以此改进标定精度及稳定性。

针对问题一，分别取 X 射线平行于椭圆长轴、短轴及与小圆相切的三个特殊的投影方向，将处理得到的数据图像与模板旋转情况相结合，运用几何方法解得探测器单元间距为 0.280 4 mm；以椭圆中心为原点建立坐标系，通过计算中心射线在水平和垂直方向上与椭圆中心的偏移量，得到旋转中心为（9.393 4, 5.608 0）；提出 180 次偏转每次角度相同的假设，计算出一条固定射线在 180 个偏转角度下与椭圆相交的弦长，同时将附件 2 中接收信息换算为弦长，对比发现，两组弦长相同，从而验证假设，得到每次偏转角度为 0.989°。

针对问题二及问题三，建立滤波反投影模型，运用傅里叶切片定理，先将该未知介质的接收数据信息进行频域滤波处理，再进行 Radon 逆变换，重建得到目标图像，并且得到所有点的吸收率矩阵。将十个点的坐标一一映射到重建图中位置，对应矩阵信息即可得到各点的吸收率。同时利用问题一的数据对模型的准确性进行检验，得到较好的重建结果。

针对问题四，分析问题一中标定参数存在误差的原因，主要在于选取特殊位置射线的误差，从而影响到各参数的计算。在设计新的标准模板时，考虑到易于计算标定参数的模型，以托盘内切圆及位于圆同一直径处的椭圆（长轴与圆直径重合）及正方形（对角线与圆直径重合）的空缺部分构成新的标定模板。

关键词：几何，滤波反投影，傅里叶切片定理，频域滤波

1　问题重述

CT 系统可以在不破坏样品的情况下，利用样品对射线能量的吸收特性对生物组织和工程材料的样品进行断层成像，由此获取样品内部的结构信息。一种二维平行束 CT 系统工作方式如下：平行入射的 X 射线垂直于探测器平面，每个探测器单元看成一个接收点，且等距排列。X 射线的发射器和探测器相对位置固定不变，整个发射接收系统围绕某固定的旋转中心逆时针旋转。对每一个 X 射线方向，在探测器上测量位置固定不动的待检测介质吸收衰减后的射线能量，并经过处理后得到相应的接收信息。根据接收信息进行重建即可得到样品内部的结构信息。

CT 系统安装时往往存在误差，从而影响成像质量，因此需要对安装好的 CT 系统进行参数标定，即借助于已知结构的样品（称为模板）标定 CT 系统的参数，并据此对未知结构的样品进行成像。

本文旨在通过建立相应的数学模型和算法，解决以下问题。

问题一：根据给定的标定模板及对应于该模板的吸收强度和接受信息，确定 CT 系统旋转中心在正方形托盘中的位置、探测器单元之间的距离及该 CT 系统使用的 X 射线的 180 个方向。

问题二：根据上述 CT 系统得到的两个未知介质的接收信息及问题一中得到的标定参数，确定该未知介质在正方形托盘中的位置、几何形状和吸收率等信息，并具体给出所给的 10 个位置处的吸收率。

问题三：分析问题一中参数标定的精度和稳定性。在此基础上设计新的标定模板，建立对应的标定模型，以改进标定精度和稳定性。

问题四：分析问题一中标定参数存在误差的原因，主要在于选取特殊位置射线的误差，从而影响各参数的计算。

2　问题分析

CT 系统是利用样品对射线能量的吸收特性对样品进行断层成像，由此获取样品内部的结构信息。当 X 射线在穿透样品时，由于产生光电效应、康普顿效应及电子对效应等物理效应，射线（即入射光子）被物质吸收和散射，使得 X 射线强度发生衰减。

对于问题一：对附件 2 中的数据进行画图处理，对比模块的几何图形，分析探测器旋转规律。对于模板中椭圆长轴、短轴及圆的直径的位置特点，分别取通过长轴、短轴和直径的射线条数与长度的比值得到探测器单元间距。再以椭圆中心建立直角坐标系，并假设理想状态下，旋转中心与椭圆中心位置重合。而真实的旋转中心与椭圆中心的距离是保持不变的，通过旋转前后数据对比，可以求得垂直偏移值和水平偏移值，再通过探测器单元间距求得旋转中心的坐标值；求得 180 次旋转总的角度，再与旋转次数相结合，便可得到每次的旋转方向。

对于问题二：通过滤波反投影[1]、Radon 逆变换、最小二乘法及迭代法[2]建立重建模型，通过重建模型得到目标图形的图像，即可表示出目标模块在托盘中的位置；通过变换后所得矩阵可得到模块上各点的吸收率，以及对应十个点的吸收率。

对于问题三：处理方法与问题二相同，但分析其数据便可以得到该模板介质不均匀，需要考虑不同衰减率所产生的误差对重建图像的影响情况。

对于问题四：分析问题一求解方法所存在的误差原因，针对这些原因，建立新的模板来避免，由此来提高计算结果的精度和稳定性。

3　模型假设

（1）假设旋转中心为 CT 系统中心，且旋转中心未偏移的理想状态下，托盘的几何中心与旋转中心为同一点。

（2）CT 系统每次旋转的角度相同。

（3）忽略光源的物理作用，并认为托盘旋转时是水平的，且不发生倾斜。

（4）假设模板都是均匀介质。

4　符号说明

符号	含义
h	探测器单元之间的距离
d	射线穿过样品的最大长度
N	穿过样品的射线条数
y	垂直偏移量
x	水平偏移量
θ	椭圆一次的旋转角度
μ	衰减系数
I	穿过样品后射线的强度
I_0	射线的入射强度

5　模型建立及解决

5.1　标定模板参数确定

5.1.1　数据处理及分析

对附件 2 中的数据进行处理可以得到如图 14.4 所示的数据分布，对比图 14.5 的模板几何信息图，分析得出以下几点。

（1）穿过样品后的射线的吸收强度（吸收率）与该射线穿过样品的长度有关，并且随着长度的增大，对应的接收信息随之增大，两者呈正比关系。

（2）由于托盘中两个均匀固体介质所放位置的情况，射线在旋转过程中投影出现重叠，导致重叠位置的投影信息增大。如图 14.6 所示，A，B 为椭圆和圆的公切线，可以分析得出当射线相对于水平线的倾斜角在角度 α 内，射线在旋转过程中投影出现叠加；当射线相对于水平线的倾斜角在角度 β 内时，射线在旋转过程中投影没有叠加现象。

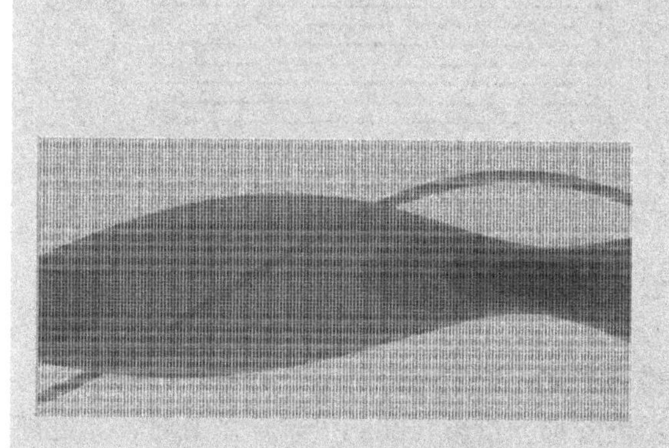

图 14.4　附件 2 处理后数据

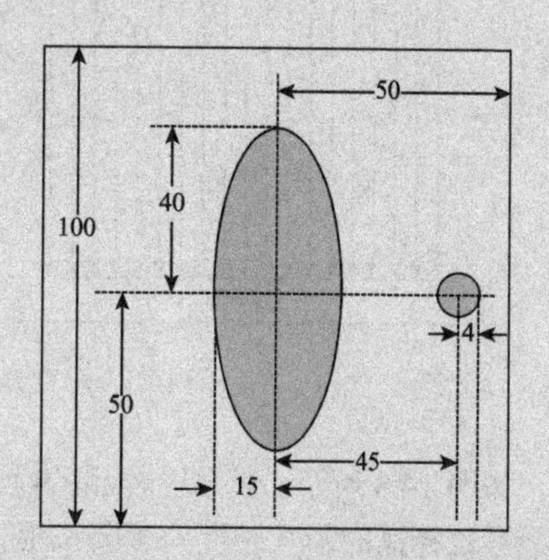

图 14.5　模板几何示意图（单位：mm）

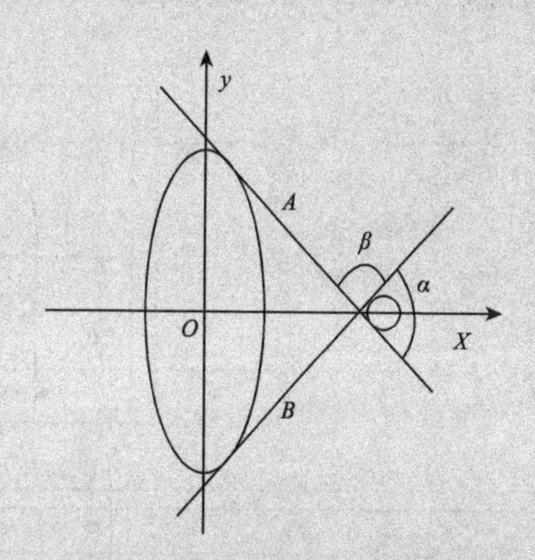

图 14.6　射线旋转过程中投影重叠部分与未重叠部分的区分

（3）如图 14.7 所示，当射线方向垂直于水平方向时，穿过椭圆长轴的射线所得的接收信息最大；当射线方向平行于水平方向时，具有接收信息的射线数量最多。

5.1.2　求解探测器单元之间的距离

h 表示探测器单元之间的距离，d 表示有射线穿过样品的最大长度，N 表示穿过样品的射线条数。建立求解公式如下：

$$h=\frac{d}{N-1} \tag{14.1}$$

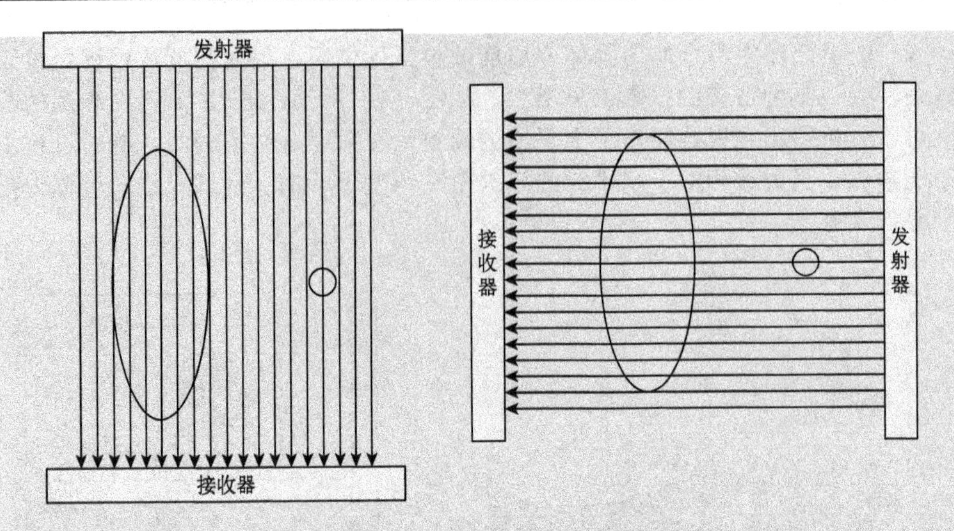

图 14.7　垂直方向射线与水平方向射线示意图

如图 14.8 所示，当穿过样品的射线条数最多时，射线方向与水平方向平行，此时有射线穿过样品的最大长度为椭圆长轴 h_1。当椭圆部分投影与圆的投影未重叠时，穿过椭圆的射线条数最少的位置时，射线方向与水平方向垂直，此时有射线穿过样品的最大长度为椭圆短轴 h_2。此时穿过圆的射线的最大长度为圆的直径 h_3。

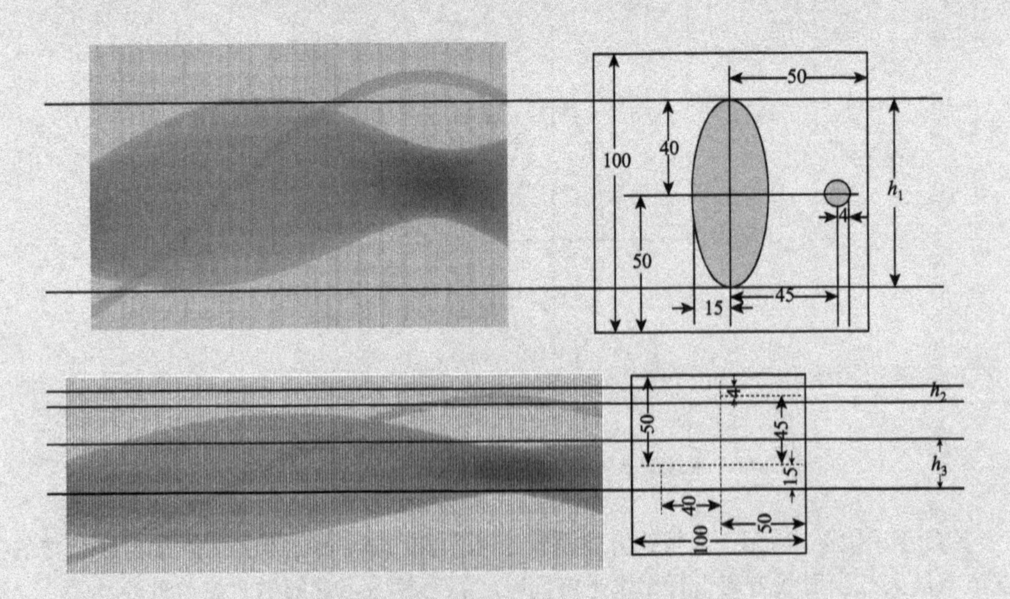

图 14.8　附件 2 数据与标定模板对应图

根据式（14.1），可分别计算三个位置对应的探测单元之间的距离。

针对椭圆长轴，$N=289$，$d=80\text{ mm}$，求得 $h_1=0.277\,8\text{ mm}$；

针对椭圆短轴，$N=109$，$d=30\text{ mm}$，求得 $h_2=0.277\,8\text{ mm}$；

针对圆的直径，$N=29$，$d=8\text{ mm}$，求得 $h_3=0.285\,7\text{ mm}$。

但是，多条平行射线穿过样品的示意图可以分为如图 14.9 所示的两种情况：样品边缘与射线相切、样品边缘未与射线相切。当样品边缘与射线相切时，式（14.1）所得的值与实际结果一致。当样品边缘未与射线相切时，则计算结果存在一定误差。

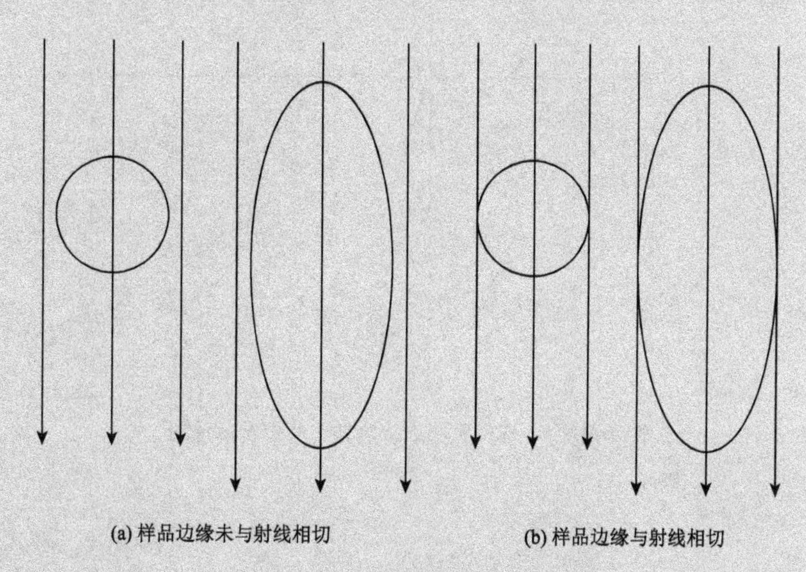

(a) 样品边缘未与射线相切　(b) 样品边缘与射线相切

图 14.9　样品边缘与射线关系示意图

为减小误差，对以上三个特殊值取平均值：

$$h=\frac{h_1+h_2+h_3}{3}=0.280\ 4\ \text{mm}$$

5.1.3　确定旋转中心位置

已知 CT 系统的发射器和探测器相对位置固定不变，整个发射-接收系统围绕某固定的旋转中心逆时针旋转，但在实际的 CT 系统安装过程中往往存在误差，导致托盘中实际的旋转中心与理想状态下规定的旋转中心 C 点存在误差，所以导致托盘的旋转中心偏移。

假设旋转中心始终在探测器上中间射线的焦点处，即旋转中心为 CT 系统中心。若未发生旋转中心偏移，则椭圆圆心为旋转中心，此时通过椭圆长轴和短轴的射线应为中心射线。但分析附件 2 中数据可知，此时通过长轴和短轴的射线并非中心射线。

将题目中样品位置不变，探测器绕旋转中心旋转的方式看成探测器位置不变，样品绕旋转中心旋转。假设旋转中心为 C 点，以椭圆中心 O 点为原点建立直角坐标系。在旋转过程中 O 点始终绕 C 点做圆周运动。对于不同的 C 点位置，旋转过程如图 14.10 所示。

如图 14.11 所示，假设 C 点为实际旋转中心，O 点为椭圆圆心。当射线平行于水平方向时，C 点相对于 O 点的垂直偏移量 BC 等于 OA。当射线垂直于水平方向时，C 点相对于 O 点的水平偏移量等于 AC。

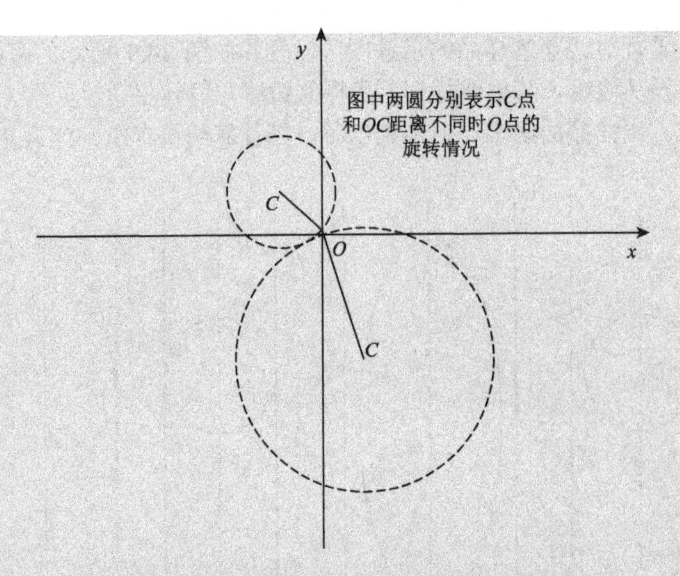

图 14.10　不同位置原点绕旋转中心旋转示意图

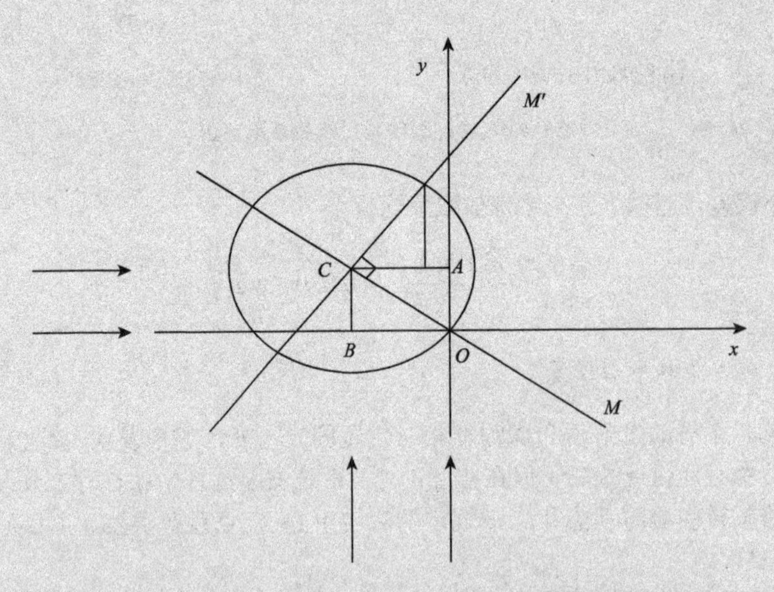

图 14.11　实际旋转中心相对于椭圆圆心的偏移量

已知旋转中心 C 点为 CT 系统中心，则其在探测器上对应的位置为第 256 个、第 257 个单元中间，取为 256.5。当射线平行于水平方向时，穿过椭圆圆心的射线在探测器上的位置为所有穿过椭圆圆心射线位置的中心，设其为第 M 个单元，则垂直偏移量 $y=|M-256.5|\times h$。h 为探测单元间的距离。当射线垂直于水平方向时，设穿过椭圆圆心的射线在探测器上位于第 N 个单元，则水平偏移量 $x=|N-256.5|\times h$。

代入附件 2 中的数据，解得 $x=9.3934\ \text{mm}$，$y=5.6080\ \text{mm}$。故实际旋转中心在以椭圆圆心为原点，短轴为 x 轴，长轴为 y 轴所建立的坐标系中的坐标为（9.393 4，5.608 0）。

5.1.4　CT 系统的 180 个方向

为求解 CT 系统的 180 个方向，先假设其每次旋转的角度相同，当 CT 系统旋转到存在与椭圆短轴重合的射线时，再次旋转 90°后，将会存在与椭圆长轴重合的射线。计算两次特殊位置中间经历的旋转次数，即可得出每次旋转的角度。然后穿过旋转中心的射线旋转 180 次的数据进行验证，若穿过旋转中心的射线恰好旋转了 180°，则上述计算方式可行。

如图 14.12 所示，分别标记出射线平行于水平方向及垂直于水平方向所在的列数 m、n，则椭圆每次旋转的角度 $\theta=\dfrac{|m-n|}{180°/2}$。根据附件 2 中的数据，得 $m=60$，$n=151$。解得 $\theta=\dfrac{180°}{182}=0.989\,0°$。

现验证此结果的正确性。选取附件 2 中数据的第 151 列，此时射线方向垂直于水平方向。根据所给的椭圆方程，可求解出此时所有穿过椭圆的射线在椭圆中的弦长，将所求的弦长与其对应的附件 2 中的数据对比，发现其对应呈比例。

椭圆弦长/对应接收信息=0.280 2

假定旋转中心所对应的探测单元为第 256 个，则所有穿过旋转中心的射线对应的接收信息处于附件 2 的第 256 行，根据上述比例即可求出每次旋转时，穿过椭圆旋转中心的射线在椭圆上的弦长，将其对应的点绘图，结果如图 14.12 所示。

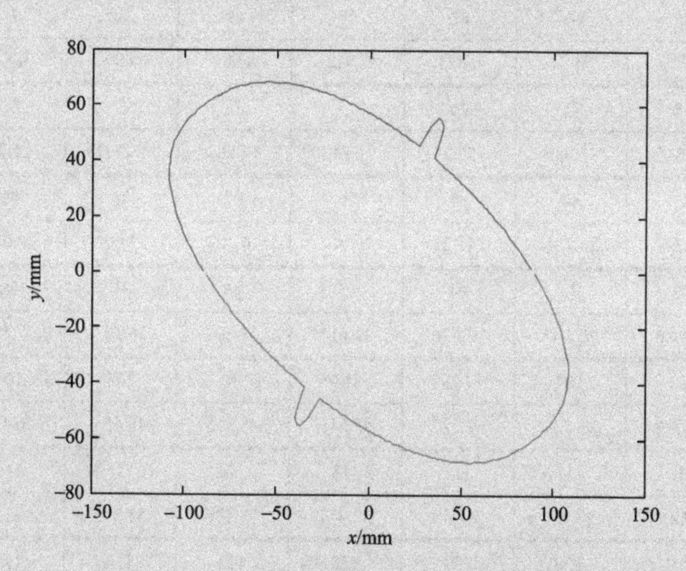

图 14.12　旋转 180 次椭圆弦长对应的点形成的图

根据图 14.12 可以看出，所有穿过旋转中心的弦长的端点（180 次旋转）近似构成了一个椭圆，说明其旋转 180 次大约旋转了 180°，每次旋转的角度接近于 1°，上述计算结果正确。因此，CT 系统的 180 个方向的角度 θ 的计算公式如下，计算结果见表 14.1。

$$\theta=(i-60)\times 0.989° \quad 或 \quad \theta=(i-151)\times 0.989°+90° \quad (i=1:1:180) \tag{14.2}$$

式中：i 为所求射线在探测器上的位置。

表 14.1　附件 2 每组数据对应的射线角度　　[单位：(°)]

1	2	3	4	5	6	7	8	9
-59.656 2	-58.667 2	-57.678 2	-56.689 2	-55.700 2	-54.711 2	-53.722 2	-52.733 2	-51.744 2
10	11	12	13	14	15	16	17	18
-50.755 2	-49.766 2	-48.777 2	-47.788 2	-46.799 2	-45.810 2	-44.821 2	-43.832 2	-42.843 2
19	20	21	22	23	24	25	26	27
-41.854 2	-40.865 2	-39.876 2	-38.887 2	-37.898 2	-36.909 2	-35.920 2	-34.931 2	-33.942 2
28	29	30	31	32	33	34	35	36
-32.953 2	-31.964 2	-30.975 2	-29.986 2	-28.997 2	-28.008 2	-27.019 2	-26.030 2	-25.041 2
37	38	39	40	41	42	43	44	45
-24.052 2	-23.063 2	-22.074 2	-21.085 2	-20.096 2	-19.107 2	-18.118 2	-17.129 2	-16.140 2
46	47	48	49	50	51	52	53	54
-15.151 2	-14.162 2	-13.173 2	-12.184 2	-11.195 2	-10.206 2	-9.217 2	-8.228 2	-7.239 2
55	56	57	58	59	60	61	62	63
-6.250 2	-5.261 2	-4.272 2	-3.283 2	-0.989	0	0.989	1.978	2.967
64	65	66	67	68	69	70	71	72
3.956	4.945	5.934	6.923	7.912	8.901	9.89	10.879	11.868
73	74	75	76	77	78	79	80	81
12.857	13.846	14.835	15.824	16.813	17.802	18.791	19.78	20.769
82	83	84	85	86	87	88	89	90
21.758	22.747	23.736	24.725	25.714	26.703	27.692	28.681	29.67
91	92	93	94	95	96	97	98	99
30.659	31.648	32.637	33.626	34.615	35.604	36.593	37.582	38.571
100	101	102	103	104	105	106	107	108
39.56	40.549	41.538	42.527	43.516	44.505	45.494	46.483	47.472
109	110	111	112	113	114	115	116	117
48.461	49.45	50.439	51.428	52.417	53.406	54.395	55.384	56.373
118	119	120	121	122	123	124	125	126
57.362	58.351	59.34	60.329	61.318	62.307	63.296	64.285	65.274
127	128	129	130	131	132	133	134	135
66.263	67.252	68.241	69.23	70.219	71.208	72.197	73.186	74.175
136	137	138	139	140	141	142	143	144
75.164	76.153	77.142	78.131	79.12	80.109	81.098	82.087	83.076

续表

145	146	147	148	149	150	151	152	153
84.066	85.055	86.044	87.033	88.022	89.011	90	90.989	91.978
154	155	156	157	158	159	160	161	162
92.967	93.956	94.945	95.934	96.923	97.912	98.901	99.89	100.879
163	164	165	166	167	168	169	170	171
101.868	102.857	103.846	104.835	105.824	106.813	107.802	108.791	109.78
172	173	174	175	176	177	178	179	180
110.769	111.758	112.747	113.736	114.725	115.714	116.703	117.692	118.681

5.2 CT 图像重建模型

5.2.1 CT 系统成像原理

根据 Lambert-Beers 定理可知，单射线时，在单一均匀材料中，样品对于 X 射线的线衰减系数为 μ，在强度为 I_0 的 X 射线行进 d 距离后，强度变为 I，其强度衰减满足如下公式：

$$I = I_0 \mathrm{e}^{-\mu d} \tag{14.3}$$

式中：I 为穿过样品后的射线强度；I_0 为射线入射强度；d 为射线穿过的样品厚度。

5.2.2 图像重建的代数模型

1）代数模型

将待测的平面图形分成若干个正方形，称为像素。假定每一个像素对射线的衰减系数是常数，通过量测多条穿过待测平面图形的射线强度，确定各个像素的衰减系数。设有 m 个像素（j=1,2,⋯,m），n 束射线（i=1,2,⋯,n），第 i 束射线记作 L_i，由 L_i 的强度可得如下公式：

$$\sum_{j \in (j(L_i))} \mu_j \Delta l_j = \ln \frac{I_0}{I} \tag{14.4}$$

式中：μ_j 为像素 j 的衰减系数；Δl_j 为射线在像素 j 中的穿行长度；$j(L_i)$ 为射线束 L_i 穿过的像素 j 的集合。根据附件 1 中数据，可得 $\mu_j = 1$。

中心法：记 $\ln(I_0 / I)$ 为 b_i。当射线束 L_i 经过像素 j 内任一点时记 $a_{ij} = 1$，否则 $a_{ij} = 0$，则式（14.4）化为

$$\sum_{j}^{m} a_{ij} x_j = b_i, \quad i = 1,2,\cdots,n$$

或写成向量-矩阵形式：$\boldsymbol{Ax} = \boldsymbol{b}$。$\boldsymbol{A}$ 为由附件 1 中数据，如中心法处理后得到的

256×256 阶矩阵，并采用最小二乘法对 $\boldsymbol{A}$ 进行拟合。$\boldsymbol{b}$ 为附件 1 中数据各列非零单元格数目之和，为 1×256 阶矩阵。

$$\boldsymbol{x}=(\boldsymbol{A}^{\mathrm{T}}\boldsymbol{A})\times\boldsymbol{A}^{\mathrm{T}}\boldsymbol{b}$$

在利用 MATLAB 软件计算 x 时，由于矩阵过于庞大，无法计算，改用迭代算法 ART 代数重建技术求解。

2）ART 代数重建技术[2]

设 $\boldsymbol{X}$ 的初值为 $\boldsymbol{x}^0=\left(x_1^0,x_2^0,\cdots,x_j^0\right)^{\mathrm{T}}$，记第 k 次迭代后，x 的值为 $\boldsymbol{x}^k=\left(x_1^k,x_2^k,\cdots,x_j^k\right)^{\mathrm{T}}$，记 $y_i^k=\sum\limits_{j=1}^{N}r_{i,j}x_j^k$，其意义是 $\boldsymbol{x}^k=\left(x_1^k,x_2^k,\cdots,x_j^k\right)^{\mathrm{T}}$ 对第 i 个方程的估计值。如果每个方程的估计值=实测值 y_i，则 x 为所求解。

考虑对用第 i 个方程对 x 进行第 $k+1$ 次迭代。沿第 i 个方程的估计值与实测值的差（称为残差）$\Delta y_i^k=y_i-y_i^k$。

按比例 $\dfrac{r_{i,j}}{\sum\limits_{j=1}^{N}r_{i,j}^2}$ 将残差 Δy_i^k 分配给 $\boldsymbol{x}$ 的各个分量：$x_j^{k+1}=x_j^k+\dfrac{r_{i,j}}{\sum\limits_{j=1}^{N}r_{i,j}^2}\Delta y_i^k$

易见修正后有

$$\begin{aligned}\sum_{j=1}^{N}r_{i,j}x_j^{k+1}&=\sum_{j=1}^{N}r_{i,j}\left(x_j^k+\frac{r_{i,j}}{\sum\limits_{j=1}^{N}r_{i,j}^2}\Delta y_i^k\right)\\&=\sum_{j=1}^{N}r_{i,j}x_j^k+\sum_{j=1}^{N}r_{i,j}\frac{r_{i,j}}{\sum\limits_{j=1}^{N}r_{i,j}^2}\Delta y_i^k=y_i^k+y_i-y_i^k=y_i\end{aligned}$$

即 $\boldsymbol{x}^{k+1}=\left(x_1^{k+1},x_2^{k+1},\cdots,x_j^{k+1}\right)^{\mathrm{T}}$ 满足第 i 个方程。接着进行第 $k+2$ 次迭代。

ART 代数重建算法与滤波反投影算法是 CT 图像重建的两种最基本的算法。由于 ART 算法存在以下问题：①迭代收敛过程与方程次序有关；②如果数据中一个测量数据有问题，则会影响 $\boldsymbol{x}$ 各分量；③重建速度慢。故采用滤波反投影算法进行 CT 图像重建。

5.2.3　基于滤波反投影逆 Radon 变换的 CT 图像重建算法[3]

1）Radon 变换原理

令 $\Theta\in S^{n-1}$ 垂直于 Θ 方向上的向量子空间是 $\Theta^{\perp}=\left\{X\in R^n,X\cdot\Theta=0\right\}$，函数 $f(\cdot)$ 的 Radon 变换是：$Rf(\cdot)$：$\Omega\to R$，$\Omega=R\times S^{n-1}$，$Rf(t,\Theta)=R_{\Theta}f(t)=\int_{\Theta^{\perp}}f\left(t\Theta+s\right)\mathrm{d}s$。$l(\Theta,y)$ 为一直线，它表示的方向为 Θ，此方向与超平面 $\Theta^{\perp}$ 相交到点 x。

2）Radon 变换公式

Radon 变换公式是

$$x\cos\theta + y\sin\theta = \rho$$

$$g(\rho,\theta) = \int_{-\infty}^{\infty}\int_{-\infty}^{\infty} f(x,y)\delta\left(x\cos\theta + y\sin\theta - \rho\right)\mathrm{d}x\mathrm{d}y$$

本质上就是沿着 $x\cos\theta + y\sin\theta = \rho$ 确定的多条平行射线，建立法线方向为 θ 的线段上的投影。一个比较简单的方法是，让图像均匀旋转角度，然后计算 x 轴上的投影。

3）Radon 逆变换公式

$$f(x,y) = \int_{0}^{\pi} g\left(x\cos\theta + y\sin\theta, \theta\right)\mathrm{d}\theta$$

该逆变换操作比较简单，但是计算量大，输出图像模糊有光晕。

4）CT 图像重建算法[4]

根据上述原理，采用滤波反投影重建逆 Radon 变换的方法来进行 CT 图像重建。

首先对其进行频域滤波处理。已知二维傅里叶变换为

$$F(u,v) = \int_{-\infty}^{\infty}\int_{-\infty}^{\infty} f(x,y)\mathrm{e}^{-\mathrm{j}2\pi(ux+vy)}\mathrm{d}x\mathrm{d}y$$

$$f(x,y) = \int_{-\infty}^{\infty}\int_{-\infty}^{\infty} F(u,v)\mathrm{e}^{\mathrm{j}2\pi(ux+vy)}\mathrm{d}u\mathrm{d}v$$

引入傅里叶切片定理，其中 ω 是频率分量：

$$\begin{aligned}
G(\omega,\theta) &= \int_{-\infty}^{\infty} g(\rho,\theta)\mathrm{e}^{-\mathrm{j}2\pi\omega\rho}\mathrm{d}\rho \\
&= \int_{-\infty}^{\infty}\int_{-\infty}^{\infty}\int_{-\infty}^{\infty} f\left(x,y\right)\delta\left(x\cos\theta + y\sin\theta - \rho\right)\mathrm{e}^{-\mathrm{j}2\pi\omega\rho}\mathrm{d}x\mathrm{d}y\mathrm{d}\rho \\
&= \int_{-\infty}^{\infty}\int_{-\infty}^{\infty} f\left(x,y\right)\left[\int_{-\infty}^{\infty} \delta\left(x\cos\theta + y\sin\theta - \rho\right)\mathrm{e}^{-\mathrm{j}2\pi\omega\rho}\mathrm{d}\rho\right]\mathrm{d}x\mathrm{d}y \\
&= \int_{-\infty}^{\infty}\int_{-\infty}^{\infty} f(x,y)\mathrm{e}^{-\mathrm{j}2\pi\omega\left(x\cos\theta + y\sin\theta\right)}\mathrm{d}x\mathrm{d}y \\
&= F\left(\omega\cos\theta, \omega\sin\theta\right)
\end{aligned}$$

这说明一个投影的一维傅里叶变换是二维投影矩阵的二维傅里叶变换的一个切片。

频域逆变换为 $f(x,y) = \int_{-\infty}^{\infty}\int_{-\infty}^{\infty} F\left(\omega\cos\theta, \omega\sin\theta\right)\mathrm{d}\omega\cos\theta\mathrm{d}\omega\sin\theta$

化简得

$$\begin{aligned}
f\left(x,y\right) &= \int_{0}^{\pi}\int_{0}^{\infty} G\left(\omega,\theta\right)\mathrm{e}^{\mathrm{j}2\pi\omega\left(x\cos\theta + y\sin\theta\right)}\omega\mathrm{d}\omega\mathrm{d}\theta \\
&\quad + \int_{0}^{\pi}\int_{0}^{-\infty} G\left(t,\theta\right)\mathrm{e}^{\mathrm{j}2\pi t\left(x\cos\theta + y\sin\theta\right)} t\mathrm{d}t\mathrm{d}\theta \\
&= \int_{0}^{\pi}\int_{-\infty}^{\infty} G\left(\omega,\theta\right)\mathrm{e} \wedge \mathrm{j}2\pi\omega\left(x\cos\theta + y\sin\theta\right)\left|\omega\right|\mathrm{d}\omega\mathrm{d}\theta
\end{aligned}$$

滤波反投影重建逆 Radon 变化步骤如下。

（1）计算每个投影的一维傅里叶变换。

（2）使用截断的$|\omega|$项或者类似的窗口函数进行滤波，得到新的一维傅里叶变换数据。

（3）计算傅里叶逆变换，获得原图。

5）验证该重建模型算法的正确性

将附件 2 中的数据代入算法中，最终得到一个 256×256 的矩阵。画出此矩阵，并将附件 1 中的数据也绘图，两图进行比较，由图 14.13 和图 14.14 可以看出，该重建模型算法效果良好，重建后的图像与原始图像基本一致，从而验证了该算法的正确性。

图 14.13　附件 2 中的数据重建后的样品图像

图 14.14　附件 1 的数据图像

5.2.4　问题二及问题三代入求解

1）问题二求解过程

（1）将附件 3 中的数据读入矩阵 $\boldsymbol{A}$，然后使用 0 将原矩阵扩展为一个方阵。再利用上述滤波反投影算法重建图像，得到图像矩阵 $\boldsymbol{B}$，即样品所有点的吸收率信息。

（2）通过所得的旋转中心、探测器单元间隔等标定参数，围绕旋转中心建立一个边长为 100 的正方形托盘示意图，确定样品在正方形托盘中的位置，作图得到重建后还原的样品几何形状。

（3）将图 14.3 的十个点映射到重建图中，其与新的坐标系一一对应，在图像矩阵 **B** 中找到对应的吸收率。坐标变换结果见表 14.2。

表 14.2　坐标变换结果

x	y	变换后 x	变换后 y
10.000 0	18.000 0	26.000 0	47.000 0
34.500 0	25.000 0	89.000 0	64.000 0
43.500 0	33.000 0	112.000 0	85.000 0
45.000 0	75.500 0	116.000 0	194.000 0
48.500 0	55.500 0	125.000 0	143.000 0
50.000 0	75.500 0	128.000 0	194.000 0
56.000 0	76.500 0	144.000 0	196.000 0
65.500 0	37.000 0	168.000 0	95.000 0
79.500 0	18.000 0	204.000 0	47.000 0
98.500 0	43.500 0	253.000 0	112.000 0

2）问题二求解结果

所得结果如图 14.15 和图 14.16 所示。图 14.15 为附件 3 中的数据绘图。图 14.16 为重建后的样品几何形状图。外围部分表示吸收率为 0，颜色越深，吸收率越大。图中标记了附件 4 中十个点的位置，其中白色标记的点表示该点吸收率非 0。带状中心深色位置的点表示该点吸收率等于 0，其对应位置的吸收强度见表 14.3。

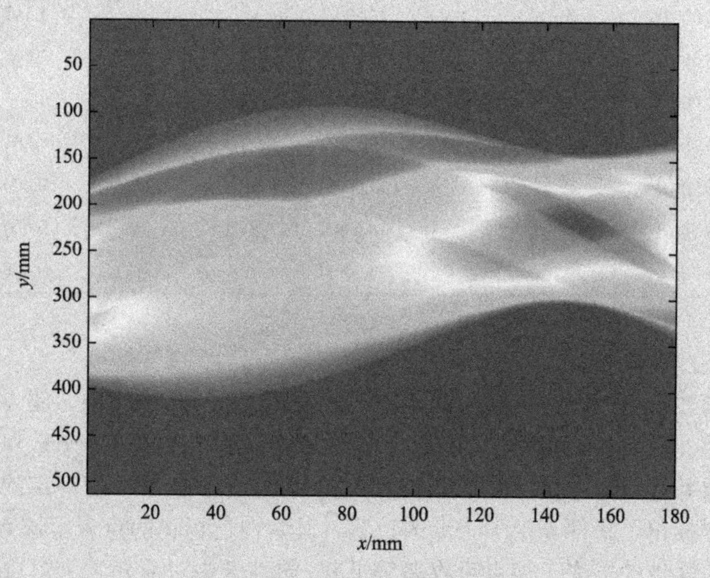

图 14.15　附件 3 中的数据绘图

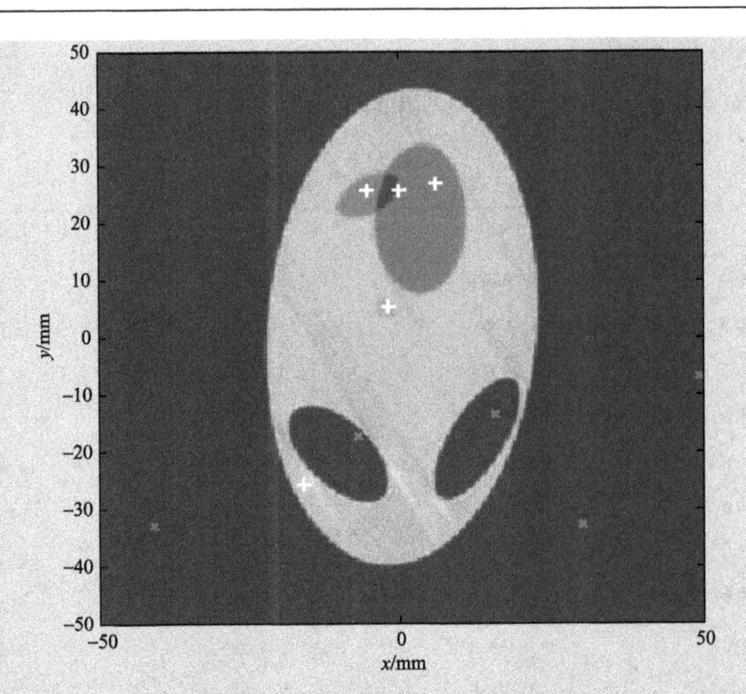

图 14.16　附件 3 中的数据重建后的样品图像

表 14.3　附件 2 中对应介质十个点的吸收率

x	y	吸收率
10.000 0	18.000 0	0.000 0
34.500 0	25.000 0	0.950 9
43.500 0	33.000 0	0.000 0
45.000 0	75.500 0	1.145 3
48.500 0	55.500 0	1.005 8
50.000 0	75.500 0	1.318 3
56.000 0	76.500 0	1.241 1
65.500 0	37.000 0	0.000 0
79.500 0	18.000 0	0.000 0
98.500 0	43.500 0	0.000 0

3）问题三求解过程

按照问题二求解过程，得到如图 14.17 和图 14.18 所示的结果。图 14.17 为附件 5 中的数据绘图。图 14.18 为重建后的样品图像。由于图中各部分吸收率分布不均匀，表示该未知介质并非均匀介质。利用滤波反投影算法重建后的图形有一定的误差，需要改进。图中同样标记了附件 4 中十个点的位置，其中白色标记的点表示该点吸收率非 0。带状部分深色区域的点表示该点吸收率等于 0。附件 5 中对应介质十个点的吸收率，见表 14.4。

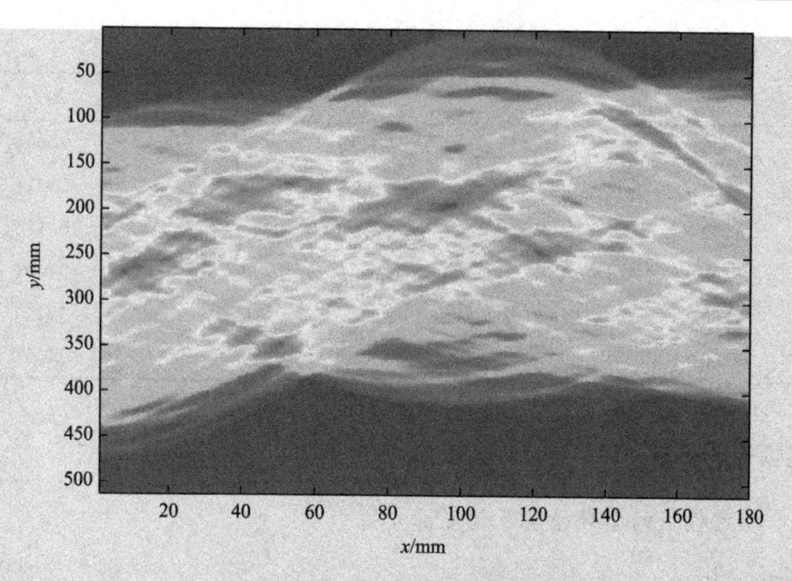

图 14.17　附件 5 中数据绘图

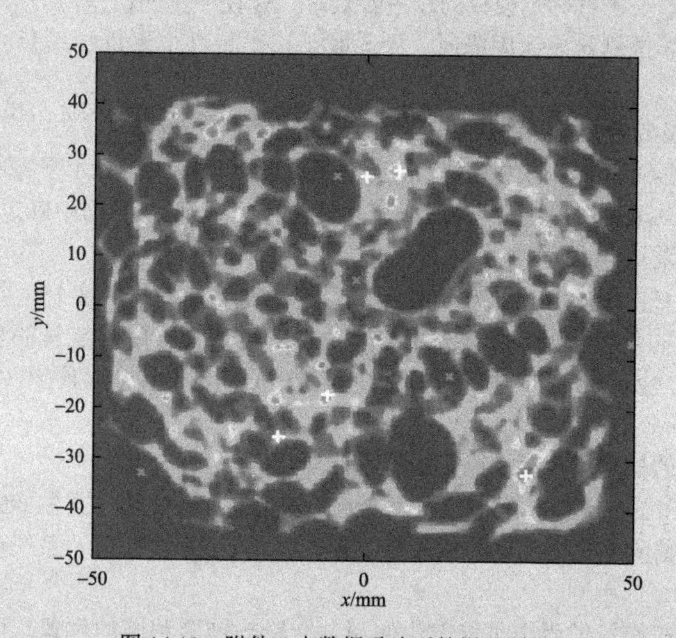

图 14.18　附件 5 中数据重建后的样品图像

表 14.4　附件 5 中对应介质十个点的吸收率

x	y	吸收率
10.000 0	18.000 0	0.000 0
34.500 0	25.000 0	2.713 8
43.500 0	33.000 0	5.379 8
45.000 0	75.500 0	0.000 0

续表

x	y	吸收率
48.500 0	55.500 0	0.000 0
50.000 0	75.500 0	2.941 6
56.000 0	76.500 0	6.271 9
65.500 0	37.000 0	0.000 0
79.500 0	18.000 0	7.820 1
98.500 0	43.500 0	0.000 0

5.3 标定模板的改进

5.3.1 标定模板的参数精度及稳定性分析

1）精度分析

问题一中，在求解标定模板的相关参数时，存在一定的误差。

（1）在计算探测器单元间隔时，只选取了三个特殊位置进行求解，计算结果存在偏差。

（2）确定旋转中心时存在的误差[5]。在确定旋转中心位置时，在以椭圆圆心为原点，长轴为 x 轴，短轴为 y 轴的坐标系上，当射线方向垂直或水平于水平方向时，可找到与椭圆长轴或短轴重合的射线位置，进一步求解旋转中心。但从数据中确定此特征射线时，会存在一定的误差。

（3）确定 CT 系统 180 个方向时存在误差。在确定 CT 系统 180 个方向时，先是假设每次旋转的角度相同，然后利用特殊位置的射线递推每次旋转的角度，进而确定 180 个方向。在验证时，同时利用了所求的旋转中心的特殊性，导致计算结果存在误差。

2）稳定性分析

题中所给的标定模板存在以下稳定性问题。

（1）椭圆和圆在旋转过程中位置不一定保持固定。若椭圆与圆在旋转过程中位置发生偏移，则根据所得数据确定的相关参数存在误差，进而导致 CT 系统重建图像过程中产生“伪影”。

（2）托盘在旋转过程中可能发生倾斜，会影响椭圆和圆的位置，导致“伪影”的产生。

5.3.2 一种新的标定模板

考虑到在往托盘中放置标定模板时，因模板与托盘边距掌握得不够精确带来的误差，拟选取与正方形托盘内切的图形：圆形与正方形。下面对圆形与正方形进行比较。

分别对圆形和正方形进行 Radon 变换，分别以各自中心为圆心旋转 360°，得到图 14.19 和图 14.20。

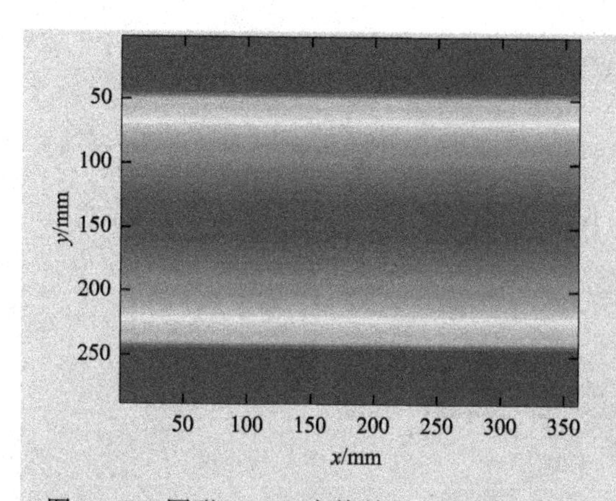

图 14.19　圆形 Radon 变换结果（圆心为旋转中心）

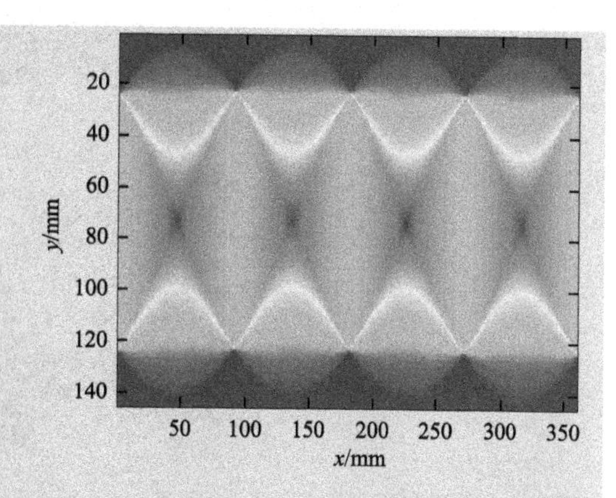

图 14.20　正方形 Radon 变换结果（正方形中心为旋转中心）

由图 14.19 和图 14.20 可知，圆形在各个方向上的投影最大宽度与直径相同，采用圆形易于求解探测器单元间隔；正方形因 X 射线平行于对角线方向与平行于边方向所截弦长明显差异，易于计算旋转方向。然而，由于圆和正方形的对称性，计算中心点偏移量时，两个形状均无法得到偏移方向。问题一中所用椭圆易求切线，且长轴和短轴存在显著差异，综合运用三种形状的优点，设计标定模板如图 14.21 所示。其中 C 表示托盘，B 表示内切于托盘的圆，A 表示椭圆，D 表示正方形。O 表示托盘及圆的中心，A，D 部分被挖空。

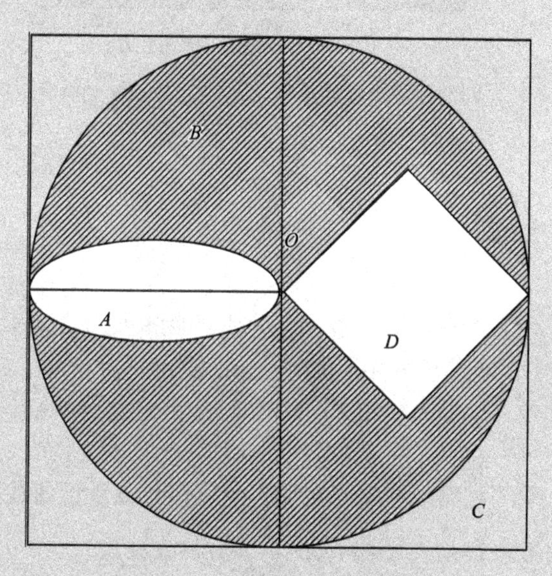

图 14.21　一种新的标定模板

对标定模板进行 Radon 变换，并以圆形旋转 360°，得到图 14.22。

若托盘放置位置有误导致标定模板中心发生偏移，则其 Radon 变换旋转 360°的图像如图 14.23 所示，其计算偏移量的方法同问题一方法一致。

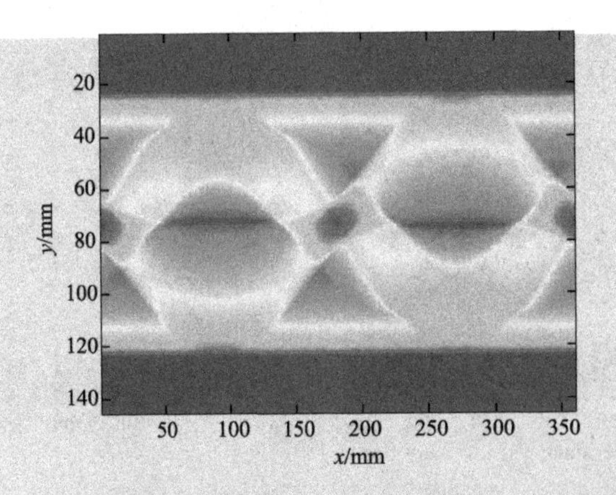

图 14.22　新的标定模板 Radon 变换后示意图（以托盘中心为旋转中心）

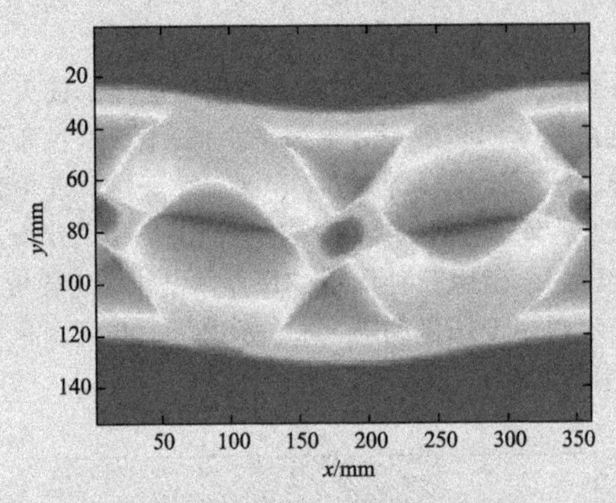

图 14.23　新的标定模板旋转中心偏移后 Radon 变换后示意图

6　误差分析

1）模型误差

在模型假设中，为了简化问题，忽略了光源的物理尺寸，并且认为托盘是水平的。而实际上，CT 系统在安装过程中并不能完全保证托盘是水平的。对于介质来说，探测器上的投影会发生偏差，这将增大曲线拟合的难度，并且会影响到后续标定参数的计算。

2）方法误差

（1）采用最小二乘法对离散数据拟合时，会有部分点落于曲线两侧，假设落在平面上的点为(a_i,b_i)，则拟合误差为$\delta^2(a_i,b_i)=\frac{1}{n}\sum_{i=1}^{n}\left(b_i-f\left(b_i\right)\right)^2$。

（2）利用滤波反投影算法重建 CT 图像时，由于 CT 成像过程中存在偏差导致“伪影”，重建后的图像存在误差。

3）计算误差

（1）在数值计算过程中，由于只保留四位小数，计算结果存在误差。

（2）在利用特殊数据求解标定模板的相关参数时，特殊数据的选取与其实际数据存在偏差，从而导致计算所得的参数存在误差。

7　模型评价与推广

本文就 CT 系统参数标定及成像问题，通过几何计算及建立滤波反投影模型，对 CT 系统旋转中心、探测器单元间距、旋转方向及图像重建进行了研究。

在问题一的模型中，取 X 射线平行于椭圆长轴、短轴及过小圆圆心这三个特殊的投影方向，简化了计算的难度。提出 180 次偏转每次角度相同的假设，通过拟合两组弦长，即 180 次与椭圆相交的弦长与附件 2 接收信息换算的弦长，进而有效证明了假设。在问题二和问题三中建立滤波反投影图像重建模型，其优点是算法精确，在反投影图像重建模型基础上先进行滤波，有效提高了图像重建的清晰度。但同时滤波函数的选取、插值方式的设定、投影角度的数量、重建矩阵的大小等会影响滤波反投影重建算法的质量。

参 考 文 献

[1]　张朝宗. 工业 CT 技术和原理[M]. 北京：科学出版社，2009.

[2]　张慧滔. 迭代法在图像重建中的研究与应用[D]. 北京：首都师范大学，2005.

[3]　张斌. 滤波反投影图像重建算法中插值和滤波器的研究[D]. 太原：中北大学，2009.

[4]　康晓月. CT 重建算法的比较研究[D]. 太原：中北大学，2011.

[5]　石振东. 误差理论与曲线拟合[M]. 哈尔滨：哈尔滨工程大学出版社，2010.

第三节　专 家 点 评

点评人简介：覃太贵，男，汉族，1967 年 12 月出生于湖北枝江，1990 年 6 月毕业于华中师范大学数学系，获得理学学士学位，2004 年 6 月毕业于武汉大学数学与统计学院，获得理学硕士学位。现为三峡大学教授，数学建模总教练。2004 年获三峡大学第五次高教研究论文三等奖，2008 年获三峡大学教学成果二等奖，2009 年三峡大学学生评教免评教师。近年来，在任教练期间，覃太贵教授带领学生共获得大学生数学建模国家奖 15 项，在全国所有高校中名列前茅。

该论文利用 Radon 变换原理，先将信息进行频域滤波处理，再进行 Radon 逆变换，得到了 CT 图像重建算法。文中提出“CT 系统每次旋转的角度相同”这个假设，在问题一中检验了该假设的正确性，并且得到每次偏转角度为 0.989°。较好地解答了前三个问题，特别先将附件 2 中数据代入 CT 图像重建算法中，重建后的图像与原始图像基本一致，再把变换前后的坐标 x 和 y 的结果进行了对比，文中所绘的图像比较精美，排版规范，这些都是该论文的亮点。不足之处是问题四做得不够深入，只对两种特殊的图形进行了标定，没有提炼出数学模型，没有验证新模板的优势。

第十五章　小区开放对周边道路影响

第一节　问题重述

本章来源于2016年高教社杯全国大学生数学建模竞赛B题，题目如下。

2016年2月21日，国务院发布《关于进一步加强城市规划建设管理工作的若干意见》，其中第十六条关于推广街区制，原则上不再建设封闭住宅小区，已建成的住宅小区和单位大院要逐步开放等意见，引起了广泛的关注和讨论。

除了开放小区可能引发的安保等问题外，议论的焦点之一是：开放小区能否达到优化路网结构，提高道路通行能力，改善交通状况的目的，以及改善效果如何。一种观点认为封闭式小区破坏了城市路网结构，堵塞了城市“毛细血管”，容易造成交通阻塞。小区开放后，路网密度提高，道路面积增加，通行能力自然会有提升。也有人认为这与小区面积、位置、外部及内部道路状况等诸多因素有关，不能一概而论。还有人认为小区开放后，虽然可通行道路增多了，相应地，小区周边主路上进出小区的交叉路口的车辆也会增多，也可能会影响主路的通行速度。

城市规划和交通管理部门希望你们建立数学模型，就小区开放对周边道路通行的影响进行研究，为科学决策提供定量依据，为此请你们尝试解决以下问题：

（1）请选取合适的评价指标体系，用以评价小区开放对周边道路通行的影响。

（2）请建立关于车辆通行的数学模型，用以研究小区开放对周边道路通行的影响。

（3）小区开放产生的效果，可能会与小区结构及周边道路结构、车流量有关。请选取或构建不同类型的小区，应用你们建立的模型，定量比较各类型小区开放前后对道路通行的影响。

（4）根据你们的研究结果，从交通通行的角度，向城市规划和交通管理部门提出你们关于小区开放的合理化建议。

第二节　优秀论文展示

作者：王梦雨、吴红君、吴倩

指导教师：张利平

摘　要

本文主要通过选取合适的评价指标，构建综合影响系数模型，用以评价不同类型小区开放前后对周边道路通行的影响。

首先，通过查阅相关资料，选择平均行驶时间、车位占用比、路网密度、路网节点度方差四个指标构建评价指标体系。其中平均行驶时间表征行驶速度的大小，路网密度表征路网中各级道路的功能协调程度，路网节点度方差表征路网抵抗干扰和破坏的能力。此外，由于路边停车对交通流存在一定干扰，特引入了车位占用比，用以表征路边停车需求对交通流的影响。这四个指标从不同侧面评价了小区周边道路的交通状况，因此选用其构建评价指标体系较为合理。

接着，结合上述评价指标体系，构建了综合影响系数模型。首先构建了模型 I——小区开放前周边交通评价模型，具体阐明了平均行驶时间、车位占用比、路网密度、路网节点度方差四个指标的计算过程和意义，分别从四个维度评价小区开放前的交通状况。然后为了评价小区开放后的交通状况，在模型 I 的基础上，对这四个指标加以修正改进，构建了模型 II——小区开放后周边交通评价模型。在模型 II 中，考虑到小区可为外来机动车提供部分停车空间，车位占用比相较于开放前降低；对于平均行驶时间指标，计算原理与模型 I 基本相同，但由于分流的影响，某周边道路的行驶时间为多个行驶时间的加权平均值；路网密度和路网节点度方差指标的计算方法与模型 I 相同。最后为了综合评价小区开放前后对周边道路交通状况的影响，构建了模型 III——综合影响系数模型。在该模型中，以指标变化率代替各指标值进行加权求和，消除了由于各指标量纲和量纲单位不同带来的误差。

然后根据小区结构及周边道路结构、车流量标准，选取了青宜居西区、紫阳东路社区、南湖名都 A 区、秦园居区、公园家、武车六村小区六个小区，应用上述模型进行求解分析，以论证模型的可行性。由此得到各指标和变化率的具体数值，并用 MATLAB 软件做出了相应的变化趋势图。分析发现，不同小区行驶时间降低率随各时间段的变化趋势基本一致，呈凹形，即行驶时间降低率均在交通高峰期达到最大值，说明开放小区能明显改善车辆高峰期的交通状况，减少交通堵塞，有较大的实际意义。同时对比各小区的综合影响系数发现，紫阳东路社区的影响系数最大，青宜居西区的影响系数最小，说明紫阳东路社区开放后改善周边道路交通的效果最好，而青宜居西区开放后改善周边道路交通的效果最差，分析发现这一结论符合生活实际，论证了模型的可行性。

最后基于上述分析，提出了优先开放树形结构小区、在上下班高峰期开放等建议。

关键词：小区开放，交通，行驶时间，车位占用比，综合影响系数

1　问题重述

1.1　问题背景

作为城市的主要组成者，小区承担着居住、生活、办公、教育等功能，是城市交通的主要产生源。受传统居住观念和社会管理模式的影响，目前我国小区多采用封闭模式，其主要特点是具有围合结构，进行封闭式管理。但封闭型小区带来了围堵城市交通，加剧城市交通压力，降低城市交通网络效益等一系列问题。为顺应时代发展趋势，国务院发布了相关文件，提出建设开放式小区，逐步开放已建设的住宅小区和单位大院等，引

发了广泛的关注和讨论。目前关于小区开放问题的讨论大多集中在小区开放后的安全及管理等方面，而论述小区开放对城市道路网络定量影响的文献还比较少。

1.2　问题描述

本文主要解决如下四个问题。

（1）为评价小区开放对周边道路的影响，构建合适的评价指标体系。

（2）构建车辆通行的数学模型，研究小区开放对周边道路的影响。

（3）小区类型不同，小区结构、周边道路结构、车流量不尽相同，小区开放产生的效果也不同。请应用所构建的数学模型，定量分析不同类型小区开放前后对周边道路的影响。

（4）根据研究结果，从交通通行角度，提出关于小区通行的合理化建议。

2　问题分析

对于问题一，在分析居住小区交通系统的基础上，结合小区产生的交通量和提供的道路资源对周边交通的影响，选择平均行驶时间、车位占用比、路网密度、路网节点度方差四个指标构建评价指标体系。

对于问题二，主要构建了三个模型。首先基于上述评价指标体系构建了模型 I，具体阐明了平均行驶时间、车位占用比、路网密度、路网节点度方差四个指标的计算过程和意义，分别从四个维度评价小区开放前的交通状况。为了评价小区开放后的交通状况，在模型 I 的基础上，对这四个指标加以修正改进，构建了模型 II。最后为了综合评价小区开放前后对周边道路交通状况的影响，构建了模型 III——综合影响系数模型。在该模型中，以指标变化率代替指标值进行加权求和，消除了由于各指标量纲和量纲单位不同带来的误差。

对于问题三，要求应用模型定量比较各类型小区开放前后对周边道路的影响。首先根据小区结构及周边道路结构、车流量标准，选用不同类型的小区，接着应用上述三个模型，得到各小区开放前后的指标数值及综合影响系数。对比小区开放前后指标的变化趋势和综合影响系数，定量分析小区开放前后对周边道路交通状况的影响。

对于问题四，基于上述分析，从交通通行的角度，向有关管理部门提出合理的建议。

3　模型假设

通过对该问题的分析，做出如下一些合理的假设。

（1）假设同一小区的周边道路交通状况相同。

（2）假设机动车驾驶员理性选择行驶路线。

（3）假设本文引用数据、资料均真实可靠。

4　符号说明

符号	含义
t_0	路段非拥堵自由行驶时间
f	路段的机动车交通量
V	路段最大服务交通量
C	基本通行能力
T	信号周期长度
t_g	有效绿灯时间
x	车道组饱和度
a	道路经过的交叉口个数
ε	车位占用比
$S_{停}$	小区周边道路上可用于停车的面积
$S_{总}$	小区的面积总和
d	计算区域的路网密度
S	区域总面积
l	区域内所有允许非住区机动车通行的道路总长度
N	路网节点总数

5　相关概念界定

1）小区

小区是一个区域的概念，不仅包括房屋建筑体，还包括一些必要的基础设施等。小区的概念有广义和狭义之分。广义上，小区可指居住区、办公区域、教育或其他公共建筑（如学校）等占据的城市区域，有时也可把相邻的几个小区作为一个小区来分析。在本文中，小区不完全限于《城乡居住区规划设计标准》中严格定义的居住区概念，未对人口规模有所限制，有一定的泛指性。常见的小区结构形式有两种，如图 15.1 所示，左图为环形结构小区，右图为树状结构小区。

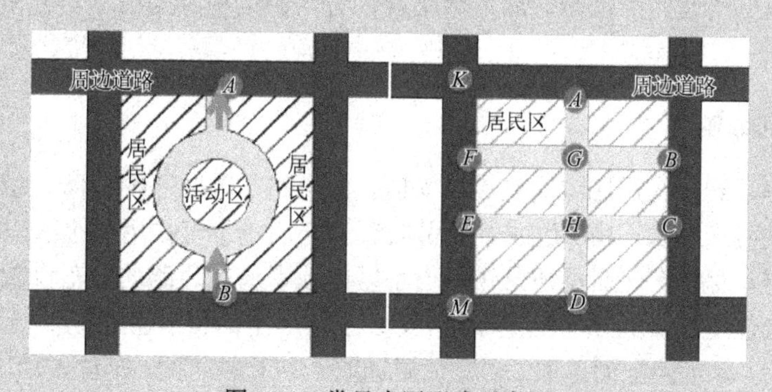

图 15.1　常见小区形式示意图

2）封闭型小区

目前国内小区多属于封闭型小区。封闭型小区一般指采用全封闭式管理模式，具有围合结构的小区，主要有如下特点。

（1）在住宅区的边界设有围栏结构和有限的几个（一般为 2 个）出口。

（2）小区出入口有警卫机构等，一般不允许非住宅区车辆通行。

（3）小区内部道路通常只有两个方向，仅通过小区出入口与外围道路相连。

在本文中，封闭型小区特指小区内主要道路不允许非住宅小区车辆通行的小区。封闭型小区便于管理，但会给城市交通带来一些问题。有些封闭型小区的占地面积较大，会降低道路密度，减少城市道路连通度，从而使得居民出行时间和成本增加。

3）交通开放小区

交通开放小区和封闭型小区是两个相对的概念。封闭型小区主要强调内部不可穿越性，其道路形式多以环形和树状加近端路的形式存在。针对上述概念，交通开放小区，简称为开放小区，则强调内部可穿越性，也就是说，小区内部允许非住宅车辆通行，小区内部道路成为城市交通的组成部分。同时注意到不同小区开放的程度不尽相同，如小区内道路限时段开放等，为简化起见，本文不考虑小区的开放程度，认为小区主要道路作为城市支路或次支路存在，允许非住宅区车辆通行的小区为交通开放小区。

为研究不同类型的小区开放对周边道路交通的影响，本文根据小区结构、周边道路结构、车流量三个标准对小区进行分类，并选取了六个典型的小区（青宜居西区、紫阳东路社区、南湖名都 A 区、秦园居区、公园家、武车六村小区）进行具体研究，如图 15.2 所示。其中车流量以连接小区的城市道路等级表征，通常来说，主干道车流量最大，次干道车流量次之，支路车流量最小；周边道路结构主要用与小区直接相连的城市道路条数表示。

6　模型建立与求解

为定量研究小区开放对周边交通的影响，该部分首先通过查阅相关文献选取合适的评价指标体系，再由上述评价指标构建相应的数学模型，接着应用模型定量分析小区开放前后对周围道路交通的影响，即模型求解部分，最后根据求解结果提出合理的建议。下面对此进行一一论述。

6.1　评价指标体系

在评价小区开放对周围道路交通影响时，首先需要选取评价指标。由于居住区是城市交通量的主要产生源，其产生或者吸引的流动交通量不仅作用于小区间道路，还会作用于城市道路，而静止交通量则会作用于小区内或者周围道路的停车设施等。因此，应在充分分析居住小区交通系统的基础上，结合小区产生的交通量和提供的道路资源对周边交通的影响，尽可能全面选取。本文主要选取平均行驶时间、车位占用比、路网密度、路网节点度方差四个指标构建评价指标体系，下面进行具体论述。

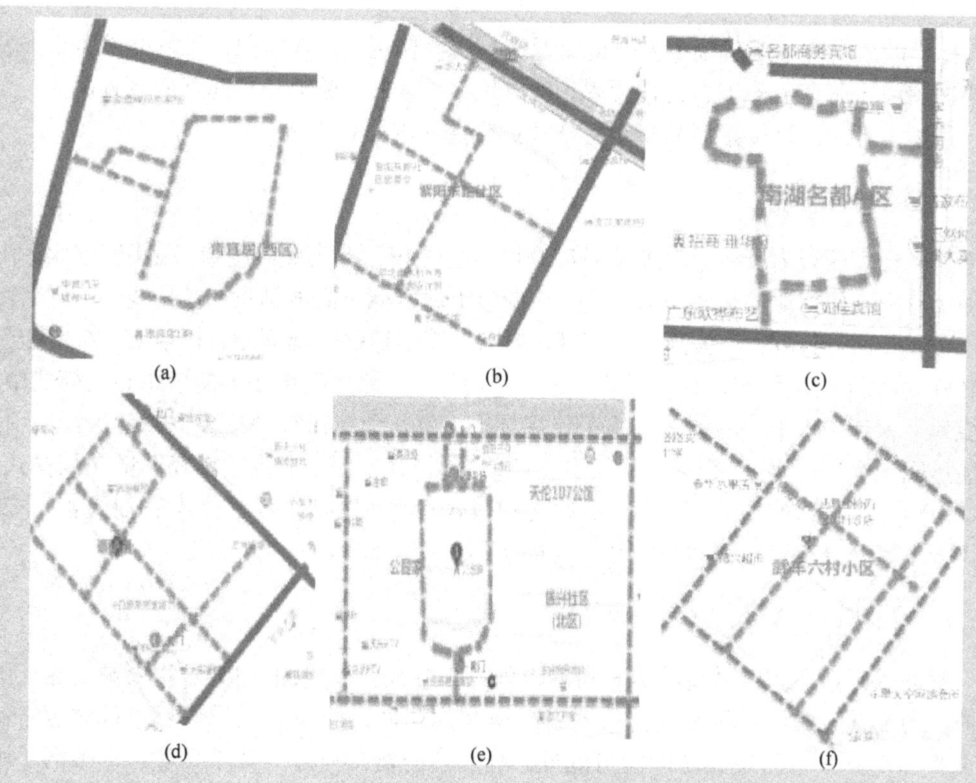

图 15.2　选取的六个小区示意图

6.1.1　平均行驶时间

行驶时间是行人和车辆判断路线便捷性的重要标准之一。行驶时间受多个因素影响，除与道路的固有属性（如车道数、长度等）有关外，还与外界因素（如车流量、行人、非机动车等）有关，能较为全面直观地反映交通状况，因此以道路的平均行驶时间衡量小区周边交通状况是合理的。基于小区周边道路交通状况相同的假设，本文主要用一条周边道路的平均行驶时间表征小区开放前后周边道路的交通状况。

6.1.2　车位占用比

随着经济的快速发展，机动车数量上升，停车需求也大幅上升，使得停车问题成为城市规划中一个较突出的问题。相关调查表明，路边停车存在大量的短时停车需求，若这部分需求不能满足，不仅会导致违章停车，还会因绕行到路外停车场而给动态交通增加负荷。为解决“停车难”的问题，可在交通拥挤或者停车需求高的区域，设置路边停车区域，作为路外停车场的补充。比较常见的是将城市主干道分为四个车道（不考虑非机动车车道），中间两个车道用于机动车通行，边上两个车道用于停车。本文中讨论的小区周边道路均采用这种设置方式。在这种道路形式下，机动车进出停车道对道路通行有一定的阻碍作用，引起一定的延误。小区开放后，其中的固定停车位可挪出一定比例用于非住宅机动车临时停车，不仅可以提高小区内部的限制资源（如停车位等）的利用率，还可以减弱路边停车对于主干道交通流的阻碍作用。在本文中，用车位占用比来表征小区周边主干道上停车道的占用率，其值越大，对主干道机动车通行的延误越大。因此，用车位占用比这一指标衡量小区周边的交通状况是合理的。

6.1.3 路网密度

某一计算区域内所有道路的总长度与区域总面积之比为路网密度。路网密度实际上与城市有限土地资源的使用方式有关。在城市土地资源有限的情况下，只能在路网密度和道路间距间进行权衡。提高路网密度，相当于缩小道路平均间距。相较于“窄而密”（路网密度大）的道路布局模式而言，在“宽而稀”（路网密度小）的道路布局模式中，一般为了保证城市干路的速度，将干路规划得很宽，而支路很窄，导致二者级配失调，不能形成一个功能协调的系统，从而引发道路交通拥堵。但采取高密度路网的布局模式，可以协调各级道路的功能，有利于缓解交通堵塞问题，提高路网运营效率。因此，本文在评价小区开放对周边交通影响时，考虑了路网密度指标。

6.1.4 路网节点度方差

脆弱性是指系统或系统的组分对其内外部干扰具有一定的敏感性，以及缺乏相应的应对能力而使系统的结构和功能容易发生改变的属性，即系统在受外界干扰时由于部分或整体受到损害而丧失功能的可能性。脆弱性的概念可分为如下四类：①暴露于不利影响的可能性；②受不利影响损害的程度；③承受不利影响的能力；④包含上述相关概念的集合。不同研究领域对于脆弱性的界定方式、理解角度等存在差异。在交通领域中，城市道路网络作为交通运输的基础设施，不管是人为或者自然导致的运输系统中断都会对市民安全、经济活动的效益等带来巨大影响，并且在受到干扰后通常需要较长的时间恢复到正常状态，所以城市道路网络系统的绩效和恢复在长期的经济发展中起着至关重要的作用，对城市道路网络脆弱性的研究具有极其重要的实际意义。因此本文将道路网络脆弱性纳入评价指标体系。就城市道路网络的脆弱性而言，道路网络受到外界干扰使整个网络服务水平下降的程度是主要的表现形式，其常用的评价指标有介数中心性、节点度方差等，本文主要从路网节点度方差的角度，进行道路网络脆弱性评价。

6.2 车辆通行模型

本部分根据上述评价指标体系构建了三个模型，即小区开放前周边交通评价模型、小区开放后周边交通评价模型、综合影响系数模型。其中，小区开放后周边交通评价模型是在小区开放前周边交通评价模型的基础上加以改进形成的；在上述两个评价模型基础上，构建了综合影响系数模型，用以综合考虑小区开放后对周边道路交通的影响。

6.2.1 模型Ⅰ：小区开放前周边交通评价模型

模型Ⅰ用来评价封闭小区对周边道路交通的影响，其主要评价指标为：平均行驶时间、车位占用比、路网密度、路网节点度方差。

1）平均行驶时间

假设小区周边道路交通状况相同，则可用周边道路的平均行驶时间表征小区周边道路的交通状况。目前广泛采用美国联邦公路局提出的 BPR 路阻函数来计算平均行驶时间：

$$t = t_0 + \delta \cdot f \tag{15.1}$$

式中：t_0为路段非拥堵自由行驶时间；f为路段的机动车交通量；δ为路段上的延误参数，其计算公式如下：

$$\delta = \alpha \left(\frac{V}{C} \right)^{\beta} \tag{15.2}$$

其中：V 为路段最大服务交通量；C 为基本通行能力；α、β 为待标定参数，其值与路段属性有关，美国联邦公路局取 α=0.15，β=4，为简化问题，本文也采用这组数值计算行驶时间。

由式（15.1）可知，BPR 路阻函数只考虑了路段机动车交通量对行驶时间的影响，并未考虑行人、非机动车对行驶时间的影响。而在计算小区周边道路的行驶时间时，行人和非机动车的流量较大，其对行驶时间的影响不可忽略，因此需要对上述 BPR 路阻函数进行改进。在此，考虑行人和非机动车对机动车的影响，结合相关文献，分别获得两者对机动车的干扰修正系数η_1、η_2。对于行人对机动车的干扰修正系数η_1，取值见表 15.1；对于非机动车（主要指自行车）对机动车的干扰修正系数η_2，当非机动车的交通量未超过道路的通行能力时，取为 0.8，当超过道路的通行能力时用式（15.3）计算。

表 15.1　行人干扰修正系数取值

干扰程度	很严重	严重	较严重	一般	很小	无
η_1	0.5	0.6	0.7	0.8	0.9	1

$$\eta_2 = 0.8 - (q_{\text{bike}} / Q_{\text{bike}} + 0.5 - W_2) / W_1 \tag{15.3}$$

式中：q_{bike} 为道路上实测的自行车交通量（包括电动车换算来的数量）；Q_{bike} 为非机动车道路每米自行车设计通行能力；W_1 为单向非机动车道宽度；W_2 为单向机动车道宽度。

考虑上述干扰修正系数，得到修正的 BPR 路阻函数模型：

$$t' = \begin{cases} t_0 + \alpha \left(\dfrac{V}{\eta_1 \cdot \eta_2 \cdot C} \right)^{\beta} \cdot f, & 0 \leqslant \eta_2 \leqslant 1 \\ t_0 + \alpha \left(\dfrac{\eta_2 \cdot V}{\eta_1 \cdot C} \right)^{\beta} \cdot f, & \eta_2 > 1 \end{cases} \tag{15.4}$$

在实际生活中，交通堵塞多发生在交叉路口附近，因此在计算路段的行驶时间时，不可忽略交叉路口引起的延误。对于交叉路口延误，目前已有相当数量的文献对此进行论述，在本文中，主要采用交叉路口平均延误计算方法，表达式如下：

$$r = \frac{0.5T\left(1-\frac{t_g}{T}\right)}{1-\left[\min(1,x)\frac{t_g}{T}\right]} \tag{15.5}$$

式中：r 为交叉路口平均延误时间；T 为信号周期长度；t_g 为有效绿灯时间；x 为车道组饱和度。

$$x = \frac{V}{C} \tag{15.6}$$

基于上述分析，得到改进后的综合阻抗函数模型：

$$D = t' + (a-1)\cdot r = \begin{cases} t_0 + \alpha\left(\dfrac{V}{\eta_1\cdot\eta_2\cdot C}\right)^{\beta}\cdot f + (a-1)\cdot\dfrac{0.5T\left(1-\frac{t_g}{T}\right)}{1-\left[\min(1,x)\cdot\frac{t_g}{T}\right]}, & 0\leqslant\eta_2\leqslant 1 \\ t_0 + \alpha\left(\dfrac{\eta_2\cdot V}{\eta_1\cdot C}\right)^{\beta}\cdot f + (a-1)\cdot\dfrac{0.5T\left(1-\frac{t_g}{T}\right)}{1-\left[\min(1,x)\cdot\frac{t_g}{T}\right]}, & \eta_2 > 1 \end{cases} \tag{15.7}$$

式中：a 为道路经过的交叉路口个数。

2）车位占用比

定义小区周边道路上可用于停车的面积与小区总面积的比值为车位占用比ε，公式如下：

$$\varepsilon = \frac{S_{停}}{S_{总}} \tag{15.8}$$

式中：$S_{停}$为小区周边道路上可用于停车的面积；$S_{总}$为小区的面积总和。在计算车位占用比时，首先需了解小区周边道路的等级。一般说来，主干道不设停车道，次干道设有两条停车道，支路设有一条停车道。在设有停车道的道路（即次干道和支路）上，机动车进出停车道对道路通行有一定的阻碍作用，引起一定的延误。对于未设有停车道的道路（主干道），车位占用比为 0，表示机动车进出停车道对道路通行无阻碍作用。因此车位占用比可用来定量衡量机动车对道路通行的延误程度。车位占用比越大，进出停车道对主干道车辆的延误程度越大，说明小区周边道路的交通状况越差。

3）路网密度

路网密度等于某一计算区域内所有道路的总长度与区域总面积之比，如下：

$$d = \frac{l}{S} \tag{15.9}$$

式中：d 为该计算区域的路网密度；S 为区域总面积；l 为区域内所有允许非住区机动车通行的道路总长度，对于封闭型小区，l 等于包围该小区的四条干路长度之和。

4）路网节点度方差

本文主要采用路网节点度方差作为道路网络脆弱性的评价指标。首先计算节点度。在路网中，节点一般可理解为交叉路口，而节点度是指与节点相连接的边的数量。以 v_i 表示路网节点，则节点 v_i 的邻边数目 k_i 即为节点 v_i 的度。取路网所有节点度的平均值 $\bar{k}$，得

$$\bar{k}=\frac{1}{N}\sum_{i=1}^{N}k_i \tag{15.10}$$

式中：N 为路网节点总数。小区开放后，小区内部某些道路与小区外部道路相连通（不仅指物理意义上的连通，还含有非住宅车辆可通过该小区内部道路进入小区的意义），N 会增大，某些节点的度可能增多，这与小区的内部结构有关。

研究表明，城市道路网络脆弱性随着重要结构单元减少而降低，且节点的度可反映结构单元在网络中的重要程度。此外，方差反映某数量偏离平均值的程度，所以路网节点度方差越小，说明各节点间重要程度的差别越小，路网的均匀性越好，承受干扰的能力越强，城市道路网络脆弱性越小。因此，将路网节点度方差纳入评价指标体系是合理的。路网节点度方差∂计算公式如下：

$$\partial=\frac{1}{N}\sum_{i=1}^{N}\left(k_i-\bar{k}\right)^2 \tag{15.11}$$

6.2.2　模型Ⅱ：小区开放后周边交通评价模型

基于模型Ⅰ，结合小区开放前后的变化，进行适当的改进，得到小区开放后周边交通评价模型，其主要的评价指标仍为平均行驶时间、车位占用比、路网密度、路网节点度方差。

（1）对于路网密度 d、节点度方差，与模型Ⅰ的计算方法基本相同，见式（15.9）、式（15.11）。小区开放后，小区内主要道路与小区外道路相连通（不仅指物理意义上的连通，还含有非住宅车辆可通过该小区内道路进入小区的意义），成为支路，因此小区开放后所有道路的总长度应包括小区内主要道路的长度，路网密度增大；同时路网节点总数相较于开放前增加，某些节点的度可能会增加，但节点度方差不一定增大。

（2）对于车位占用比，与模型Ⅰ的计算方法基本相同，见式（15.8）。注意到小区开放后，某些非住宅车辆会在小区内停车，次干道或支路上可用于停车的面积 $S_{停}$ 会减小。减小量为小区可提供的非住宅车辆的停车面积 $S_{区}$，即

$$\varepsilon'=\frac{S_{停}-S_{区}}{S_{总}} \tag{15.12}$$

由于主干道上无停车道，式（15.12）不适用，结合实际情况，此时车位占用比取值为 0。

在计算小区可提供的非住宅车辆的停车面积 $S_{区}$ 时，有

$$S_{区}=b\cdot S' \tag{15.13}$$

式中：b 为比例系数；S'为小区可提供的停车总面积，通过咨询相关物业部门或者网站查得。由式（15.13）可知，小区开放后，车位占用比提高。

（3）对于平均行驶时间，基于小区周边道路交通状况相同的假设，仅计算一条周边道路的平均行驶时间，同模型Ⅰ。小区开放后，小区内主要道路作为支路发挥作用，城市主干道上的某些机动车会选择进入小区行驶，以避免交通堵塞。以图 15.1 右图为例进行分析。小区开放前，机动车从 K 行至 M 只能沿路段 KM（直行）行驶（由于从周边道路绕行的路线过长，在此不考虑 $KBCM$ 路线）。小区开放后，需从 K 至 M 的机动车有多条路线可选择，如 KM（直行）、$KAGFM$、$KAGHDM$、$KAGHEM$ 等，形成分流现象。设从 K 至 M 共有 n 条路线，仅包括直行路线和从小区内部绕行的路线，各路线的行驶时间分别记为 D_1（表示直行路线的行驶时间）、D_2、D_3、…、D_n 等，其计算原理同模型Ⅰ，见式（15.7）。

设各路线机动车的分流比为 1、2、3、…、n；其中 1 表示直行路线的分流比，显然有

$$\sum_{i=1}^{n}\mu_i=1 \tag{15.14}$$

$$0<\mu_i<1 \tag{15.15}$$

其中，$1\leqslant i\leqslant n$，且 $i\in Z$。

因此 K 至 M 的平均行驶时间 D' 等于各路线行驶时间的加权和值，即

$$D'=\sum_{i=1}^{n}\mu_i D_i \tag{15.16}$$

6.2.3　模型Ⅲ：综合影响系数模型

由于模型Ⅰ和模型Ⅱ考虑了多个评价指标，且小区开放前后各指标的变化趋势不一样，不能直观地比较小区开放对周边道路交通的影响，故构建了权重分析模型，用来综合评价小区开放前后对周边道路的影响。因为文中考虑的各指标的量纲和量纲单位不同，会影响到数据分析的结果，所以首先计算各指标变化率，以替代各指标值，使各指标之间具有可比较性。各指标变化率的公式如下。

（1）平均行驶时间变化率为

$$\Delta D=\frac{D'-D}{D} \tag{15.17}$$

同一道路的 ΔD 为负时，说明小区开放能改善周边道路交通状况。

（2）车位占用比变化率为

$$\Delta\varepsilon=\frac{\varepsilon'-\varepsilon}{\varepsilon} \tag{15.18}$$

车位占用比越大，小区周边道路的交通状况越差。小区开放后，部分非住宅车辆在小区内停车，车位占用比变小，车位占用比变化率一定为负值，代表小区开放能改善周边道路交通。

（3）路网密度变化率为

$$\Delta d=\frac{d'-d}{d} \tag{15.19}$$

小区开放后，区域允许非机动车道路通行的长度总和 l 变大，区域面积 S 不变，则路网密度 d 变大，因此路网密度变化率 Δd 必定为正值，说明小区开放可增加路网中支路数量，促进各级道路功能的协调，对交通堵塞问题起到一定的缓解作用。

（4）路网节点度方差变化率为

$$\Delta\partial=\frac{\partial'-\partial}{\partial} \tag{15.20}$$

路网节点度方差越大，道路网络脆弱性越大，说明交通状况越差。所以当路网节点度方差变化率为负值时，说明小区开放后能改善周边道路交通状况。

为了更好地把这四个重要指标（变化率）都考虑进去，本文建立了权重分析模型，来综合判断小区开放前后对周围道路通行的影响，用综合影响系数 β 表示，有

$$\beta=p_1\times(-\Delta D)+p_2\times(-\Delta\varepsilon)+p_3\times\Delta d+p_4\times(-\Delta\partial) \tag{15.21}$$

其中平均行驶时间变化率、车位占用比变化率、路网密度变化率、路网节点度方差变化率各指标所占权重分别为 p_1、p_2、p_3、p_4。显然综合影响系数为正值，且值越大，改善效果越好。

6.3 数据准备

数据准备是为后文的模型求解做准备的。现展示秦园居区所需的主要原始数据，见表 15.2。周边道路的机动车交通量见表 15.3。

表 15.2　关于秦园居区的部分原始数据

符号	数值
$S_{停}$	8 153.76 m^2
$S_{总}$	1.558 4 km^2
$S_{区}$	2 860 m^2
T	90 s
S	1.558 4 km^2

表 15.3　秦园居区开放前各时间段的某条周边道路的机动车交通量

时间段	6:00—8:00	8:00—10:00	10:00—12:00	12:00—14:00	14:00—16:00	16:00—18:00	18:00—20:00	20:00—24:00
交通量	4 496	3 935	2 273	1 646	1 723	1 927	4 753	4 126

6.4 模型求解

该部分对选择的六个小区（青宜居西区、紫阳东路社区、南湖名都 A 区、秦园居区、公园家、武车六村小区），研究小区开放前后对周边道路通行的影响。下面以秦园

居区为例具体介绍模型的简化及求解过程，其他小区模型的求解过程类似，不再赘述。

6.4.1　实例分析：秦园居区开放前后对周边交通的影响

首先结合模型Ⅰ、模型Ⅱ的表达式，分别从平均行驶时间、车位占用比、路网密度、路网节点度方差四个维度简单分析秦园居区开放前后对周边道路交通的影响；在此基础上，运用模型Ⅲ，综合评价秦园居区开放前后对周边道路交通的影响。

1）平均行驶时间

由常识可知，每日交通高峰期大约在早上 8 时至 9 时和晚上 6 时至 8 时两个时段。在交通高峰期时，由于小区居民出行需求较大，行人对机动车的干扰较大，其干扰修正系数 η_1 参照表 15.1 取为 0.7；在非交通高峰期的时段，行人对机动车的干扰很小，可忽略不计，其干扰修正系数 η_1 参照表 15.1 取为 1。对于非机动车（主要指自行车）对机动车的干扰修正系数 η_2，通过查阅相关资料判断非机动车的交通量未超过道路的通行能力，故取为 0.8。

对于交叉路口的平均延误，结合实际情况估算车道组饱和度 $x = V/C \approx 2.03 > 1$，代入式（15.5）化简得

$$r = \frac{0.5T\left(1-\frac{t_g}{T}\right)}{1-\left[\min(1,x)\cdot\frac{t_g}{T}\right]} = 0.5T \tag{15.22}$$

同理，对于其他小区，均可采用此简化公式计算交叉路口平均延误。

结合模型Ⅰ和模型Ⅱ的其他公式，代入数据得到秦园居区开放前后行驶时间及变化率，见表 15.4。由表 15.4 可知，秦园居区开放后行驶时间均减小，变化率均为负值，说明秦园居区开放后能在一定程度上改善周边道路交通状况。注意到变化率的绝对值基本上在 20%以上，说明开放该小区对周边道路交通的改善效果较好；在 6:00—8:00、8:00—10:00、16:00—18:00、18:00—20:00 时间段变化率的绝对值较大，且这些时间段均位于交通高峰期，说明开放该小区在交通高峰期对交通的改善效果最好，符合生活实际。

表 15.4　秦园居区开放前后行驶时间及变化率

时间段	开放前行驶时间/s	开放后行驶时间/s	变化率ΔD/%
6:00—8:00	141.71	85.02	−40
8:00—10:00	146.45	90.80	−38
10:00—12:00	89.60	71.68	−20
12:00—14:00	70.41	57.03	−19
14:00—16:00	97.04	77.63	−20
16:00—18:00	85.66	53.97	−37
18:00—20:00	132.31	74.09	−44
20:00—22:00	144.90	95.63	−34

2）车位占用比

小区开放前车位占用比 $\varepsilon = S_{停} / S_{总}$ =0.240 0

小区开放后车位占用比 $\varepsilon' = \left(S_{停} - S_{区}\right) / S_{总}$ =0.155 8

秦园居区车位占用比变化率 $\Delta\varepsilon = \left(\varepsilon' - \varepsilon\right) / \varepsilon = -0.0842$

车位占用比越大，小区周边道路的交通状况越差。秦园小区开放后，车位占用比变小，车位占用比变化率为负值，说明小区开放能在一定程度上改善周边道路的交通状况，但由于数值（0.084 2）较小，改善效果并不明显。

3）路网密度

开放前小区路网密度 $d = l/S = 1.0900$

开放后小区路网密度 $d' = l/S = 1.9016$

小区路网密度变化率 $\Delta d = (d' - d)/d = 0.7446$

秦园居区开放后，路网密度变大，路网密度变化率 Δd 为正值，说明小区开放能在一定程度上改善周边道路的交通状况。由于数值较大，为 0.744 6，接近于 1，说明改善效果较为明显。

4）路网节点度方差

秦园居区示意图如图 15.2（d）所示，开放前该小区共有 2 个节点，即 $N=2$，各节点的度分别为 4、3；开放后该小区共有 8 个节点，各节点的度分别为 4、3、3、3、3、4、4、3。则

小区开放前路网节点度方差 $\partial = \frac{1}{N}\sum_{i=1}^{N}\left(k_i - \bar{k}\right)^2 = 0.5000$

小区开放后路网节点度方差 $\partial' = \frac{1}{N}\sum_{i=1}^{N}\left(k_i - \bar{k}\right)^2 = 0.2679$

路网节点度方差变化率 $\Delta\partial = \left(\partial' - \partial\right)/\partial = -0.2321$

路网节点度方差越大，道路网络脆弱性越大，说明交通状况越差。秦园居区开放后，路网节点度方差变小，路网点度方差变化率 $\Delta\partial$ 为负值，说明小区开放后能改善周边道路交通状况。

5）综合影响系数

根据相关调查，取各指标所占权重为 $p_1=0.4$、$p_2=0.2$、$p_3=0.3$、$p_4=0.1$，由模型 III 数学表达式算得综合影响系数：

$$\beta = p_1\times(-\Delta D) + p_2\times(-\Delta\varepsilon) + p_3\times\Delta d + p_4\times(-\Delta\partial) = -0.4\times\Delta D + 0.26343$$

6.4.2　各小区模型计算结果

应用上述模型计算各指标和变化率具体数值，用 MATLAB 软件做出各指标或变化率的变化趋势图。

各小区开放后各时间段行驶时间降低率如图 15.3 所示。注意到时间降低率为时间变化率的负值，当时间降低率为正值时，小区开放后能在一定程度上改善周边道路的交通状况。由图 15.3 可知，各小区所有时间段的行驶时间降低率为正值，说明小区开放

能降低周边道路通行时间，改善交通状况。同时观察到不同小区行驶时间降低率随各时间段的变化趋势基本一致，呈凹形，即行驶时间降低率均在交通高峰期达到最大值（至少在 0.2 以上），说明开放小区能明显改善车辆高峰期的交通状况，减少交通堵塞，有较大的实际意义。对比交通高峰期各小区行驶时间降低率数值，发现紫阳东路社区的时间降低率最大，接近于 0.4，青宜居区最小，接近于 0。分析原因：青宜居西区呈环形结构且仅与一条区外道路相连，开放前后对道路交通的影响可忽略不计；而紫阳东路社区呈较齐整的树状结构，且与多条周边道路相连，小区开放后区内道路能起到较好的分流作用，缓解交通堵塞。

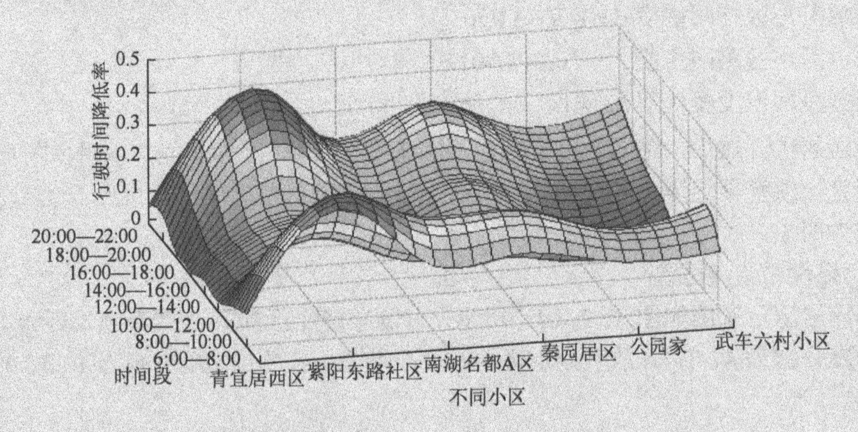

图 15.3　各小区各时间段行驶时间降低率

六个小区开放后车位占用比降低，路网密度增大，路网节点度方差降低，仅考虑车位占用比、路网密度、路网节点度方差这三个指标，认为六个小区开放后能改善交通状况，只是改善的程度有所差异。为综合考虑平均行驶时间、车位占用比、路网密度、路网节点度方差四个指标，定量比较各类型小区开放前后对道路交通状况的影响，应用模型 III 计算各小区的综合影响系数，见表 15.5。由表 15.5 知，紫阳东路社区的影响系数最大，为 0.415 992，青宜居西区虽然与城市主干道相连接，车流量较大，但它的影响系数最小，为 0.137 638，两者影响系数的差异主要受小区内结构影响。紫阳东路社区内部结构为树形，其道路网络脆弱性越大，说明交通状况越差。秦园居区开放周边道路车流量过大时，开放小区后能起到较好的引流效果。而青宜居西区内部结构为环形，且其出入口仅有一个，当其周边车流量过大时，小区开放仅能为进入车辆提供停车位，当车辆绕行小区并从出口出去时，周边道路交通不仅无法得到很好改善，反而使车辆的平均行驶时间可能会延长。

表 15.5　小区开放前后道路交通状况综合影响系数

区名	青宜居西区	紫阳东路社区	南湖名都 A 区	秦园居区	公园家	武车六村小区
β	0.137 638	0.415 992	0.310 708	0.375 636	0.180 645	0.197 016

6.5　建议

基于上述分析，从交通通行的角度，可向有关管理部门等提出如下几条关于小区开放的合理化建议。

（1）对于仅有一个出入口的小区不建议开放。例如，此次模型中所选取的青宜居西区。表 15.5 中青宜居西区的影响系数最小，为 0.137 638，可看出小区开放对其周边道路的改善程度不大。虽然青宜居西区位于城市主干道旁边，但其仅一个出入口不能有效地缩短行程时间，因此在日常生活的上下班高峰期并不能起到疏导交通的作用。故此类仅有一个出入口的小区不建议开放。

（2）建议多开放树形结构小区。树形结构小区紫阳东路社区、秦园居区、武车六村小区的改善程度均高于环形结构小区。其中紫阳东路社区效果最为明显，在时段 8:00—10:00 及 18:00—20:00 中达到峰值 0.4。结合表 15.5 各小区的影响系数，不同道路结构旁的树形结构小区的影响素数高于环形结构小区 0.017～0.278。进一步说明树形结构小区在改善交通的程度上优于环形结构小区。

（3）在尽量满足民众意愿的前提下，优先开放对交通改善程度大的小区。例如，秦园居区此类综合影响系数达 0.3 以上的小区。相关调查表明大部分居民出于安全的考虑，并不愿意开放小区。小区开放在上下班时段对道路改善效果最佳。在此建议小区可采取在上下班高峰期开放，在平时时段不开放的政策，此时既可保证居民生活的相对安全，又能很好地改善交通。

（4）对于周边道路结构简单，开放后能有效降低路网节点度方差的小区建议优先开放。由道路网络脆弱性指标可看出，降低路网节点度方差可使得其各节点重要度差别减小，路网均匀性越好，从而当发生交通事故或其他路障时，小区开放可提高周边道路的抗干扰能力。

7　模型评价与改进

7.1　模型优点

（1）在问题一中，本文从时间、空间等角度，选用平均行驶时间、车位占用比、路网密度、路网节点度方差四个指标，构建小区开放前道路交通状况的评价体系，依据此评价指标体系能较系统、全面地进行交通状况的评价。

（2）在问题二中，构建了综合影响系数模型。该模型综合考虑了多项指标，并消除了由于各指标量纲及量纲单位不统一引起的误差。

（3）在问题三中，选取了六个典型的小区，并运用上述模型计算出各指标及综合影响系数，且分析结论较符合生活实际，论证了模型的可行性。

7.2　模型缺点

（1）在计算各个路口的延误时间时，为便于计算，文中统一采用红绿灯周期时间为 90 s 进行计算。但实际中，各交叉路口常用智能控制信号灯，红绿灯周期随交通流量的变化而变化。因此，红绿灯周期不尽相同，从而引起部分误差。

（2）在模型Ⅱ中，建立了小区开放后周边交通评价模型。在计算车位占用比时，小区能提供的停车面积由小区车位数及面积进行换算。由于小区停车具有一定的车载限度，给换算带来困难。

7.3 模型改进

（1）鉴于缺点 1，我们在优化模型时，各路口引起的延误时间可分别计算，然后进行加权求和。

（2）文中根据道路、小区结构等选择六个小区加以研究，可能存在偶然性，给结论带来一些不准确性。我们应该选取更多的不同类型的小区进行研究，以保证模型求解的准确性及可靠性。

第三节 专家点评

点评人简介：张利平，1983 年生，博士，武汉科技大学机械自动化学院副教授，数学建模团队指导老师。2015 年 7～10 月在美国得克萨斯 A&M 大学做访问学者，2016 年 3 月～2017 年 2 月兼任湖北齐星智能股份有限公司技术副总经理。主要研究方向为绿色制造、生产调度、智能算法，目前已发表论文 30 余篇，SCI/EI 收录 20 余篇，主持国家自然科学基金面上项目 1 项，完成国家自然科学基金青年基金 1 项，博士后面上资助 1 项，参与国家自然科学基金、省部基金多项。近年来带队获数学建模国家奖、省奖 10 余项。

摘要能很好地诠释全文工作，其最后着重指出该文获得的重要结论，是该文研究工作的一种提高和升华。正文包含三部分：首先，提炼了影响小区周边道路交通状态的四个评价指标；其次，构建了小区开放前、开放后及综合影响系数模型，评估了不同情景下的交通状况；最后，选取六个典型小区论证模型的可行性，结论符合生活实际，且具有一定的指导价值。

整体而言，该文构思严密，有理有据，结构清晰，条理清楚，论文撰写规范，不断抛出问题并进行严格论证。若能在提炼评价指标和构建模型时，结合数学建模相关理论，论文将更具说服力。

参 考 文 献

杜洪波，陈岩，曲绍波，2015. 美国大学生数学建模竞赛培训的实践探索[J]. 黑龙江科技信息（27）：95-96.

何丹，2016. 大学生数学建模认知与创新能力培养的几点思考：以2015年全国大学生数学建模A题为例[J]. 太原城市职业技术学院学报（10）：96-98.

李涛，2013. 数据挖掘的应用与实践[M]. 厦门：厦门大学出版社.

刘炳全，袁程龙，2020. 依托数学建模竞赛大学生创新能力培养分析[J]. 教育教学论坛（30）：114-115.

刘今子，郭立丰，2020. 数学建模竞赛驱动下的创新创业能力培养模式研究：基于全国大学生数学建模竞赛培训[J]. 创新创业理论研究与实践（4）：131-132.

孙菊贺，王莉，王利岩，等，2020. 建模思想在“数学分析”教学中的应用[J]. 创新教育研究（2）：151-158.

王珊，萨师煊，2014. 数据库系统概论[M]. 5版. 北京：高等教育出版社.

吴述金，2016. 浅谈对美国大学生数学建模竞赛的指导[J]. 大学数学，32（5）：45-48.

夏坤庄，徐唯，潘红莲，等，2015. 深入解析SAS[M]. 北京：机械工业出版社.